制造业先进技术系列

U0192692

亚稳态钎料的镀覆制备与应用

王星星　何　鹏　著

机 械 工 业 出 版 社

本书总结了作者及其团队多年来关于亚稳态钎料基础研究的创新性成果，对采用镀覆热扩散组合工艺制备亚稳态钎料的新方法、工艺调控、扩散机制、润湿性、熔化特性、钎焊工艺、接头组织性能、热力学特性等进行了系统的介绍。其主要内容包括：镀覆制备与检测分析、镀覆方法制备亚稳态钎料、亚稳态钎料的扩散机制、亚稳态钎料的性能优化、亚稳态钎料钎焊接头的组织和性能、亚稳态钎料的热力学特性、亚稳态钎料的工程应用。本书内容全面、系统、新颖，应用性强，对钎料的研制与应用有较高的参考价值。

本书可供异种材料连接、焊接材料、钎焊等领域的工程技术人员和科研人员参考，也可供相关专业的在校师生参考。

图书在版编目（CIP）数据

亚稳态钎料的镀覆制备与应用/王星星，何鹏著. —北京：机械工业出版社，2020.11

（制造业先进技术系列）

ISBN 978-7-111-66991-3

Ⅰ.①亚… Ⅱ.①王… ②何… Ⅲ.①亚稳态–钎料–研究 Ⅳ.①TG425

中国版本图书馆 CIP 数据核字（2020）第 234379 号

机械工业出版社（北京市百万庄大街 22 号　邮政编码 100037）
策划编辑：陈保华　责任编辑：陈保华　贺　怡
责任校对：王　延　封面设计：马精明
责任印制：常天培
北京虎彩文化传播有限公司印刷
2021 年 1 月第 1 版第 1 次印刷
169mm×239mm · 11.25 印张 · 205 千字
标准书号：ISBN 978-7-111-66991-3
定价：79.00 元

电话服务　　　　　　　　　　　网络服务
客服电话：010-88361066　　　　机　工　官　网：www.cmpbook.com
　　　　　010-88379833　　　　机　工　官　博：weibo.com/cmp1952
　　　　　010-68326294　　　　金　书　网：www.golden-book.com
封底无防伪标均为盗版　　　机工教育服务网：www.cmpedu.com

　　制造业是强国之基、立国之本，而材料又是制造业的基础。钎焊是制造业中材料连接的重要方法之一，钎焊在航空航天构件、大型矿山装备、重载机电装备、超大负荷钻探装备、复杂集成线路制造等领域应用广泛，而钎料作为钎焊时最关键的填充材料，其性能在很大程度上决定着钎焊连接件的质量和性能。一方面，传统银基钎料性能已无法满足大型重载装备结构复杂、性能要求高的工程实际需求，传统活性钎料连接的超大负荷超硬工具在复杂服役环境中容易出现脱落现象；另一方面，传统无铅钎料熔点高、抗疲劳性差，使得复杂集成线路中精密复杂芯片的使用可靠性无法保证。因此，亟须开发低熔点、高性能、润湿性好的亚稳态钎料以解决上述行业难题。

　　本书所研究的亚稳态钎料以传统钎料作为基材，利用镀覆制备技术在该钎料表面添加一种或多种金属组元，通过热扩散处理使之合金化。当合金钎料中存在具有较高表面能的第二相或化合物相使其处于热力学亚稳态时，该合金钎料称为亚稳态过饱和钎料，简称亚稳态钎料。亚稳态钎料具有低熔点元素含量可调控、熔化温度更低、润湿铺展性更好、力学性能优异等优点。

　　本书对亚稳态钎料研制与应用技术进行了较为系统的介绍，内容主要包括：镀覆制备与检测分析、镀覆方法制备亚稳态钎料、亚稳态钎料的扩散机制、亚稳态钎料的性能优化、亚稳态钎料钎焊接头的组织和性能、亚稳态钎料的热力学特性、亚稳态钎料的工程应用。

　　本书系统总结了在上述领域的最新研究成果，由王星星、何鹏撰写完成。其中，王星星、何鹏共同撰写了第 1 章，王星星独立撰写了第 2 ~ 8 章及附录。温国栋、骆静宜参加了书稿的整理和校对工作。龙伟民研究员对本书内容进行了全面、系统的审阅。

　　本书的学术价值如下：

　　1）提出了采用镀覆-热扩散组合工艺制备亚稳态钎料的新方法，所制备的亚稳态中 Sn 含量突破了熔炼合金化的极限（质量分数为 5.5%）。

　　2）采用电流密度、镀液温度、极间距等多参数协同控制镀层厚度，通过镀层厚度调控亚稳态钎料中 Sn 含量，优化了镀覆制备工艺，获得了最佳组合工

艺，在所制备的钎料中 Sn 的质量分数高达 7.2%，比传统方法提高约 31%。

3）揭示了扩散温度、时间与钎料组织和性能的关系，推导、建立了扩散过渡区的本构方程。与同等 Sn 含量的传统钎料相比，亚稳态钎料的熔化温度区间缩小 3.65% ~ 14.5%，润湿面积提高 7.8% ~ 22.6%。

4）采用非等温微分法和积分法分析亚稳态钎料的相变热力学特性，揭示了钎料相变速率与温度之间的内在联系，从热分析动力学角度阐明了亚稳态钎料的相变特性。

5）建立了亚稳态钎料钎焊工艺熵和接头性能熵的数学模型，揭示了 Sn 含量与钎料润湿性、钎焊接头力学性能的关系。试验结果证实钎焊工艺熵和接头性能熵的表达式在一定程度上可定量预测亚稳态钎料的钎焊工艺性和接头力学性能。

本书的研究内容对于亚稳态材料开发、异种材料连接、焊接冶金、焊接材料、钎焊、材料热力学等领域的理论研究和工程应用具有重要的实际意义，可为有关企业、科研院所、高校及相关领域的科研人员、教师、研究生等提供有实用价值的参考信息。

在本书的撰写及试验研究开展过程中，得到了金华市金钟焊接材料有限公司骆华明董事长和新型钎焊材料与技术国家重点实验室龙伟民主任的大力支持。同时，华北水利水电大学上官林建教授、李帅博士、崔大田博士、武胜金硕士等在全文校对、试样检测和文稿修订方面给予了帮助。在此一并表示由衷的感谢！

本书的出版得到了国家自然科学基金项目（51705151、52071165）、河南省优秀青年科学基金项目（202300410268）、中国博士后科学基金面上资助项目（2019M662011）、新型钎焊材料与技术国家重点实验室开放课题（SKLAFMT201901）、先进焊接与连接国家重点实验室开放课题（AWJ- 21M11）的资助，特此表示衷心的感谢！

当今钎焊连接技术，特别是亚稳态钎料研发、性能优化及工程应用方面的研究，和其他学科一样发展日新月异，尽管我们已竭尽所能，将团队所知、所学、所熟悉的研究内容和最新成果展现出来，但仍然很难与国内外钎焊连接、钎焊材料最新技术发展的步伐保持同步。因此，本书不可避免地存在缺陷和不足之处，衷心希望广大读者不吝批评、指正。

华北水利水电大学　王星星

哈尔滨工业大学　何　鹏

目 录 | CONTENTS

第 **1** 章

绪　论

1.1　引言

　　制造业是强国之基、立国之本。钎焊是制造业中材料连接的重要方法之一，是一种古老的金属连接工艺。人类几千年前已利用钎焊方法连接金属，5000 年前，古埃及人采用银铜、金铜钎料连接，成功制作出钎焊管和护符盒。我国在春秋时期已经开始应用钎焊连接结构复杂的青铜器，秦代的铜车马堪称铸锻焊的精品。《汉书》中记载"胡桐泪盲似眼泪也，可以汗金银也，今工匠皆用之"，表明当时已广泛使用胡桐泪作为钎剂，该书是我国最早有关钎焊连接的文献记载。明代《天工开物》中记载"中华小钎用白铜末，大钎则竭力挥锤而强合之，历岁弥久，终不可坚"，小钎即以铜镍合金为钎料的钎焊。明代《物理小识》中记载"焊药以硼砂合铜为之，若以胡桐汁合银，坚如石。今玉石刀柄之类焊药，加银一分其中，则永不脱。试以圆盆口点焊药于其一隅，其药自走，周而环之，亦一奇也"，该书指出钎焊铜时应采用硼砂钎剂，而钎焊银时应使用胡桐树脂钎剂，并详细描述了钎料的填缝行为。因此，钎焊是人类最早使用的材料连接方法之一。

　　近几十年来，特别是第二次世界大战后，随着航空航天、汽车制造等现代工业的发展，钎焊技术得到快速发展。无论在钎焊方法还是钎料成分方面都不断有新的改进，相继解决了铝合金、钛合金、不锈钢、耐热钢、超合金、金属陶瓷、硬质合金、复合材料，以及非金属材料的连接难题，使得钎焊技术在航空航天、汽车制造、高速列车、家用电器等领域得到广泛应用（见图 1-1）。

　　钎焊是材料连接的重要方法之一，在钎焊过程中，依靠熔化的钎料或依靠母材连接面与钎料之间的扩散而形成的液相，在毛细作用下填充母材之间的间隙，并且母材与钎料发生相互作用，冷却凝固后形成冶金结合。

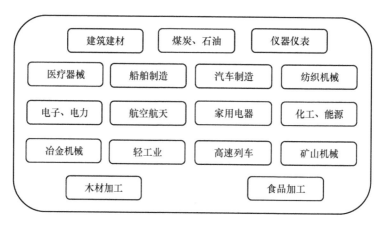

图 1-1　钎焊技术的应用领域

钎料作为钎焊时的填充材料，是指在加热温度低于母材熔点时熔化并填充母材间隙的金属或合金。钎料的性能在很大程度上决定钎焊接头的质量和性能，因此，钎料的研究是发展钎焊技术的重要课题。根据钎料熔化温度不同，钎料可分为硬钎料（熔化温度高于450℃）和软钎料（熔化温度低于450℃）两大类。软钎料主要是以锡、铅、锌、镉、铋、铟等金属为基的合金，主要用于微电子、电子封装等领域。硬钎料主要包括铝基、银基、铜基、镍基、锰基等5类钎料，主要用于高温环境下工作和高强度要求构件的连接。

银基钎料作为目前应用最广泛的一类硬钎料，熔化温度适中、润湿性佳、填缝能力优异，具有良好的连接强度、韧性和导电性，在制冷、家电、超硬工具等领域得到了广泛的应用。GB/T 10046—2018《银钎料》对银基钎料的化学成分、熔化温度、形态进行了规范。

银基钎料的主要合金元素是 Cu、Zn，为降低钎料成本并满足不同工艺需求，通常还加入 Sn、Cd 等元素。特别是含 CdAg 基钎料，与无 CdAg 基钎料相比，具有更低的固-液相线温度、良好的力学性能及耐蚀性，但 Cd 是有毒元素，对人类具有巨大危害性。而 AgCuZnSn 钎料，通过熔炼合金化方法添加 Sn，然后进行轧制或挤压、拉拔，生产制造的钎料有 BAg25CuZnSn、BAg30CuZnSn、BAg34CuZnSn、BAg38CuZnSn、BAg40CuZnSn、BAg45CuZnSn、BAg55CuZnSn、BAg56CuZnSn、BAg60CuZnSn 等，且无毒无害，符合 RoHS（《关于限制在电子电气设备中使用某些有害成分的指令》）和 WEEE（报废的电子电气设备）指令的要求。但上述方法生产的 AgCuZnSn 钎料中 Sn 的质量分数存在极限（质量分数为 5.5%），否则钎料难以加工，影响 AgCuZnSn 的应用。如何生产制造 Sn

含量高、熔化温度低、润湿性佳的银基钎料，是困扰国内外钎焊学术界和产业界的难题之一。

1.2 银基钎料的研究现状

1.2.1 银基钎料的分类及研究概述

银基钎料作为广泛应用的一类硬钎料，在航空航天、家用电器、发电机、电子等行业是必不可少、至关重要的焊接材料。根据 GB/T 10046—2018，银基钎料主要包括 AgCu 系、AgMn 系、AgCuLi 系、AgCuSn 系、AgCuNi 系、AgCuZn 系、AgCuZnCd 系、AgCuZnSn 系、AgCuZnNi 系、AgCuZnIn 系、AgCuSnNi 系、AgCuZnNiMn 系共 12 类钎料，见表 1-1。

表 1-1 银基钎料的分类及其熔化温度

系 列	熔化温度/℃	常 见 型 号
AgCu 系	779～850	BAg72Cu
AgMn 系	960～970	BAg85Mn
AgCuLi 系	760～890	BAg72CuLi
AgCuSn 系	540～730	BAg60CuSn
AgCuNi 系	770～895	BAg56CuNi
AgCuZn 系	665～870	BAg45CuZn、BAg50CuZn
AgCuZnCd 系	595～765	BAg40CuZnCd、BAg45CuZnCd
AgCuZnSn 系	620～760	BAg34CuZnSn、BAg56CuZnSn
AgCuZnIn 系	635～755	BAg34CuZnIn、BAg40CuZnIn
AgCuZnNi 系	660～855	BAg40CuZnNi、BAg49CuZnNi
AgCuSnNi 系	690～800	BAg63CuSnNi
AgCuZnNiMn 系	680～830	BAg25CuZnNiMn、BAg49CuZnNiMn

下面对最常见的上述钎料进行简单的介绍。

（1）AgCu 钎料 BAg72Cu 作为一种 Ag-Cu 共晶钎料具有以下优点：其熔化温度为 779℃，钎焊温度适中；钎焊工艺性好，对 Cu、Ni 都具有良好的润湿性；不含高蒸气压、易挥发元素；导电性好，是首选的电真空钎料。但该钎料 Ag 的质量分数高、价格昂贵，同时钎料脆性大。

3

（2）AgMn 钎料　BAg85Mn 钎料的熔化温度为 960~970℃，Mn 可以改善银对钢的润湿性，同时 Mn 溶于 Ag 形成固溶体，提高了 Ag 的强度，尤其是高温强度，可用于钎焊 427℃ 以下工作的工件。但该钎料钎焊不锈钢时存在缝隙腐蚀倾向。

（3）AgCuLi 钎料　Li 具有自钎性，使用时无需添加钎剂，同时能改善钎料润湿性。BAg72Cu27.7Li0.3 的熔化温度为 766℃，对含有少量 Ti 或 Al 的母材有利，主要用于不锈钢的钎焊。张冠星等研究认为添加 Li 可提高钎料润湿性，但极易被氧化，氧化速率相比基体钎料增加了 46%。

（4）AgCuSn 钎料　AgCuSn 的三元合金相图如图 1-2 所示，添加 Sn 既降低 AgCu 合金的熔化温度，又提高钎料的润湿性。该钎料对钢和 Ni 具有很好的润湿性，但其强度低、脆性大，BAg43CuSn 钎料的熔化温度为 540~570℃，可在 600℃ 以下钎焊，多用于受静载的接头。

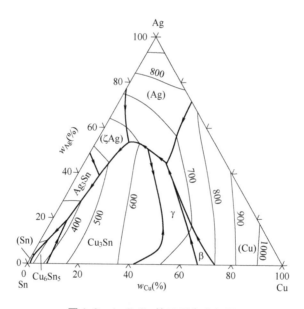

图 1-2　AgCuSn 的三元合金相图

徐锦锋等对 $Ag_{42.57}Cu_{(57.53-x)}Sn_x$（$x$ = 12.23、12.94、13.65，质量分数）三种钎料进行了研究，随着 Sn 含量升高，钎料凝固组织显著细化，晶界增多；细晶强化和固溶强化作用增强，钎料的抗拉强度升高，断后伸长率减小。

（5）AgCuNi 钎料　BAg56CuNi 钎料的熔化温度为 770~895℃，加入 Ni 可以改善钎料的润湿性，并且钎料的强度、塑性均优于 AgCu 钎料，可用于低合金钢、不锈钢、Ti 及 Ti 合金等的钎焊。

（6）AgCuZn 钎料 AgCuZn 钎料具有优良的性能，是最常见的三元钎料。添加 Zn，首先改善了 AgCu 钎料的润湿性，其次提高了钎料的强度，降低了钎料的熔点，使得钎料的塑性可调控，但使钎料的导电性变差。BAg45CuZn 钎料是最常见的银基钎料，熔化温度为 665 ~ 745℃，流动性好、填缝能力强，强度及抗冲击性好，钎缝光洁、美观。但该钎料钎焊温度较高，在生产过程中易出现 ZnO、CuO 等不溶物缺欠。根据 AgCuZn 三元合金的液相线，该系钎料的最低熔化温度约为 670℃，但除此之外其他三元合金的熔化温度较高，钎焊温度为 720 ~ 850℃。在钎料熔化温度、力学性能、价格等方面均无法与 AgCuZnCd 钎料相比。

（7）AgCuZnCd 钎料 银基钎料中加入 Cd 可显著降低钎料的熔化温度，缩小熔化温度区间，改善钎料流动性和润湿性。由于该类钎料的流动性和润湿性好，价格低廉，在空调、眼镜等产品的生产中得到了广泛应用。但由于 Cd 的毒性，RoHS 指令已严格限制电器产品中 Cd 的含量，必须寻求合适的解决方案，开展绿色银基钎料的研究。

（8）绿色银基钎料 为替代 Cd，国内外学者对此做了大量的研究，基本确定了主要合金元素对 AgCuZn 钎料性能的影响，可分为两方面：一类是添加有益元素，单独添加 Sn、Ni、Mn、Ga、In、P、稀土 Pr、Ce 及 La 等元素，或是复合添加至少两种元素，如 Sn-In、Ga-In、Sn-Ga-In 等；另一类是控制杂质元素含量，生产制造洁净银基钎料，主要分析 Ca、S、Al、Fe、Bi、Pb、O、N 等杂质元素含量对银基钎料性能的影响。上述元素在银基钎料中的作用，见表 1-2。

表 1-2 合金元素在银基钎料中的作用

元素	在银基钎料中的作用
Sn	优点：显著降低钎料的熔化温度、缩小钎料熔化温度区间，改善钎料的流动性和润湿性。适量的 Sn 具有细化共晶组织的作用，可提高钎料和接头的强度 缺点：Sn 含量过高，钎料中出现硬脆相，强度降低
In	优点：降低钎料熔化温度，缩小熔化温度区间。质量分数在 1% ~ 10% 时，升高其含量，钎料熔化温度降低，润湿面积增大，同时可提高钎焊的接头强度 缺点：在银基钎料中固溶度低，且价格昂贵，使用具有局限性。质量分数超过 5% 后，接头强度显著降低
Ga	优点：降低钎料熔化温度，改善钎料润湿性，细化钎料组织，抑制钎料组织中金属间化合物的生长 缺点：含量过高，使得 Ag-Ga 相变脆，钎料难于加工

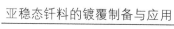

(续)

元素	在银基钎料中的作用
Ni	优点：改善钎料润湿性、提高钎焊接头强度和耐蚀性，净化钎缝晶界、改善钎料加工性能。同时可消除钎焊接头的磷化物脆性。添加1%～2%（质量分数）的Ni时，钎料组织晶粒变大、显微硬度升高 缺点：提高钎料的熔化温度
Mn	优点：降低钎料熔化温度、改善钎料润湿性，适当地替代Zn，具有二次脱氧作用。同时可提高钎料显微硬度和高温强度 缺点：在钎料熔炼过程中易形成氧化物，造成钎料熔炼和连接困难
Ce 和 La	优点：细化钎料组织、防止钎焊过程中被氧化，同时改善钎料润湿性，抑制金属间化合物的生长 缺点：化学性质活泼，钎焊过程中易生成氧化渣。当氧化物较多时，将严重阻碍液态钎料的润湿
P	优点：降低钎料熔化温度，改善钎料流动性 缺点：升高P含量，Cu_3P相使得钎料的润湿性、填缝性能和接头力学性能下降
Si	少量的Si可改善钎料的润湿性，抑制Zn的挥发。同时细化钎料组织，提高钎料强度
Pr	质量分数低于0.15%时，能细化钎料组织，提高接头强度；但质量分数高于0.15%时，钎料组织粗大、接头强度降低，断口为脆性断裂
S	添加S，钎料润湿性和抗拉强度下降，S在钎料中以高熔点的Ag_2S、Cu_2S、CuS、ZnS形式存在，严重影响钎料的钎焊工艺性
Ca	降低钎料液相线温度，缩小熔化温度区间，细化钎料组织；Ca以CaO的形式存在于钎料组织中。但Ca的存在会降低钎料的润湿性
Al	当质量分数不高于1%时，对钎料润湿性无明显影响，此时Al能够固溶于银基钎料中，对钎料的熔化温度影响较小。当质量分数高于1%时，钎料严重氧化而不能实现连接
Fe	微量Fe的存在会急剧降低钎料的润湿性。Fe固溶于银基钎料中，导致钎料熔化温度升高、流动性和润湿性下降。杂质Fe的质量分数应不超过0.05%
O、N	升高钎料中O、N含量，钎料表面出现高熔点氧化物，使得钎料熔化特性和润湿性变差；钎缝组织出现不致密性、裂纹等缺欠，导致钎焊接头抗拉强度降低
Pb 和 Bi	微量Pb和Bi均使钎料的润湿性下降。微量Pb和Bi（质量分数不大于0.15%）对钎焊接头的强度无显著影响。Pb的质量分数不能超过0.15%，当Pb的质量分数继续升高时，钎料润湿性急剧下降；当Bi的质量分数为0.15%时，钎料润湿性下降1/3左右。银基钎料中Pb和Bi含量须加以控制

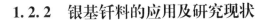

1.2.2　银基钎料的应用及研究现状

目前通过添加 Sn、In、Ga、Ni、P 等合金元素替代 Cd，已开发出多系列的无 Cd 银基钎料（见图 1-3），虽然尚不能完全替代 AgCuZnCd 钎料，但其性能仍有进一步提升的空间。银基钎料在航空航天、汽车制造、家电、超硬工具、电力能源等领域得到了广泛应用，下面对其应用研究现状进行概述。

图 1-3　形式各样的无 Cd 银基钎料
a）带状　b）粉状　c）丝状　d）药皮焊环　e）热压焊环

1. 航空航天领域

（1）不锈钢金属软管的感应钎焊　不锈钢金属软管由管接头、波纹管、钢丝网和套环等组成，材质均为 1Cr18Ni9Ti 不锈钢。过去曾采用火焰钎焊，但高温火焰直接与钢丝接触会引起软管耐压能力严重下降。改用高频感应钎焊后，金属软管的钎缝均匀光洁，过渡圆滑，耐压强度高。软管直径规格有 4 种：8mm、12mm、18mm、32mm。所用钎料为：直径为 2 ~ 3mm 的 AgCuZn 钎料丝，熔化温度为 660 ~ 720℃，钎剂成分为 B_2O_3、KF、KBF_4，加热时间为 1 ~ 1.5min。

（2）航空发动机整流器的真空钎焊　某航空发动机的 5 ~ 8 级整流器材料为 Ti-6Al-4V 钛合金。要求一次将 60 ~ 80 个叶片同时钎焊到内外环上，对整体的要求是变形量越小越好。将直径为 1mm 的 BAg72CuNi 钎料预制为 U 形放在叶片与外环结合处，采用电容储能点焊机点焊，使叶片、外环与钎料三者保持相对位置，然后在内环外端叶片上放置钎料，进行真空钎焊。工艺为：冷态真空度为 5mPa，加热时保持炉内真空度不低于 10mPa。钎焊温度为 850℃，保温时间为 8 ~ 12min。

2. 汽车制造领域

（1）汽车热交换器的埋丝钎焊　大型汽车用热交换器是制造工艺复杂的硬钎焊件，主要由管束、管板、端头和壳体组成（ϕ250mm 范围内分布 500 多个管束，管间距为 1 ~ 2mm、长度为 0.6 ~ 1.2m）。选用 BAg45CuZnCd 或 BAg50CuZnCd 钎料对热交换器进行埋丝钎焊，钎焊温度为 660 ~ 700℃，钎剂选用脱水硼砂（$Na_2B_4O_7$）和 KBF_4 等的混合物（熔点为 541℃）。采用上述工艺钎焊的热交换器安装在大型汽车上，在 1MPa 压力下进行测试，接头力学性能满足各项指标的要求。

（2）汽车发动机基准轴的感应钎焊　发动机基准轴因其工作时高速旋转，故对其尺寸精度、配合公差要求非常高。基准轴的前段、中段材料为 1Cr18Ni9Ti，支撑环材料为 14Cr17Ni2，后段材料为 40Cr。基准轴连接处为薄壁，要求变形很小，因此选用高频感应钎焊。采用直径为 1.0mm 的 BAg50CuZnCd 焊环对支撑环、前段、后段与中段进行钎焊，钎缝间隙为 0.03 ~ 0.06mm，钎剂为 FB102。

3. 超硬工具领域

（1）金刚石工具的炉中钎焊　郑州机械研究所研制的以 AgCuZnCd 和微量活性元素制备的新型 ZB-1 钎料，Ag 含量低，其综合性能满足金刚石薄壁钻的使用要求，具有一定实用性。该钎料的主要钎焊工艺为：温度为 760 ~ 780℃，时间为 20 ~ 25s，钎焊结束后将工件在 200℃ 进行冷却。

德国 BrazeTec 公司开发的 BrazeTec 2002、2009 系列新型低 Ag 钎料，Ag 的质量分数最低为 20%，钎焊温度为 750 ~ 810℃，可用于钻头锯片等金刚石工具的钎焊。

聚晶金刚石车刀具有硬度高、耐磨性好、导热系数大、抗黏结性强等优点，多用于有色金属、塑料、玻璃纤维等非 Fe 族元素的精密车削。聚晶金刚石在刀头上的固定方法中，采用钎焊固定聚晶金刚石连接较为可靠。采用 $w_{Ag}=45\%$、$w_{Cu}=18\%$、$w_{Zn}=19\%$、$w_{Cd}=18\%$ 的 BAg-1 Ag 钎料，钎焊温度不超过 700℃，可防止因钎焊温度过高而造成聚晶金刚石石墨化。

（2）硬质合金工具的感应钎焊和火焰钎焊 硬质合金刀片主要由 WC、TiC、Co 等粉末通过压制、烧结而成，刀杆常选用 40 钢、45 钢等综合性能较好的中碳钢制作，通过钎焊将刀片和刀杆焊接在一起。通常采用高频感应钎焊和火焰钎焊方法对硬质合金刀片与刀杆进行钎焊。有报道研究 3 种不同 Mn 含量和 Ni 含量 AgCuZnMnNi 钎料的熔化温度、润湿性、抗拉强度并测试 YG8 硬质合金与 45 钢钎焊接头的力学性能。研究表明，随着 Ni、Mn 质量分数的升高，钎料熔化温度区间增大、抗拉强度升高，YG8 硬质合金和 45 钢钎焊接头抗剪强度升高，但钎料在 YG8 硬质合金上的润湿性基本不变。

盾构用特种刀具主要由硬质合金刀片、钢基刀体和堆焊层组成。首先通过焊接将合金刀片与钢基刀体进行连接，然后对盾构掘进机刀盘与整个特种刀具进行焊接，在施工推进过程中起到切削作用。采用 BAg50CuZnSnNi 三明治复合钎料在 670~750℃进行钎焊，可满足盾构刀具的性能要求。

捣镐是大型养路机械——捣固车上的一种易耗部件，捣镐的使用寿命对捣固车的工作效率影响很大。采用 AgCuZnMnNi 钎料对 35CrMo 合金钢与 YG15C 硬质合金进行感应钎焊，随着钎焊温度升高，钎焊接头抗剪强度先升高后降低。在 670℃保温 30s 的焊接工艺下钎焊接头的抗剪强度最高（388MPa）。重庆理工大学研制的厚度为 0.25mm 和 0.35mm 的 BAg50CuZnNi 三明治复合钎料，感应钎焊 20CrMo 低碳钢和 YG13 硬质合金，采用不同方式处理母材表面，分析感应钎焊工艺参数对钎着率的影响。研究表明，仅用砂纸处理试样的钎着率不达标，而经机械加工打磨和喷砂处理后的钎着率均高于 93%，达到合格标准。

4. 电力能源领域

（1）大型发电机定子绕组线棒的感应钎焊 某水电站阿尔斯通 700MW 水轮发电机定子绕组线棒接头为纯铜和不锈钢复合结构，定子绕组形式为双层条形波绕组，绕组上、下层线棒共计 1080 根，线棒单根质量为 90kg，由 42 股 2.12mm×13.5mm 包玻璃 Cu 扁线和 6 股空心不锈钢扁线组成。采用直径为 2mm 的 LAg15P 钎料对线棒进行中频感应钎焊，钎料熔化温度为 710℃。经测试，线棒电接头的抗拉强度大于 180MPa，钎料填缝饱满，各项性能达到水轮发电机定子绕组的性能要求。

（2）电机转子的感应钎焊 纯铜导电优良，常用作电机转子导条及端环，而 1Cr18Ni9Ti 不导磁，也常用于电机转子中，通常需将二者进行钎焊连接，既要保证足够的导电面积，又要具备一定的强度。

采用 BAg72Cu、BAg45CuZn 钎料对纯铜与 1Cr18Ni9Ti 不锈钢进行感应钎焊，研究发现：BAg72Cu 钎料的导电及导热能力较强，但其与不锈钢的润湿性低于 BAg45CuZn 钎料，主要是 Zn 提高钎料与不锈钢的润湿性。采用 BAg45CuZn 钎料连接的接头抗剪强度均值为 156MPa，钎着率高于 85%，力学性能满足行业技术要求。

（3）核反应堆冷却管的氩弧钎焊　奥氏体不锈钢由于具有优良的耐高温、耐氧化及耐蚀能力，是制造核电站管道构件最常用的材料之一，通常选用 316LN 奥氏体不锈钢作为反应堆冷却管的结构材料。

采用 AgCuSn 钎料和 CuSn 钎料对 316LN 不锈钢进行氩弧钎焊，探讨奥氏体不锈钢钎焊界面裂纹的形成机制。发现用含有低熔点元素钎料氩弧钎焊 316LN 不锈钢时出现界面裂纹，裂纹起源于焊缝/热影响区熔合区/热影响区界面。采用 Ag45CuSnNi、CuSi3 和 CuSi3Mn 三种钎料氩弧钎焊 316LN 不锈钢，研究不锈钢钎焊接头缺欠产生的原因。研究发现：接头热影响区 Cu 污染造成的渗透裂纹是 316LN 不锈钢钎焊接头裂纹产生的来源。若采用不含 Cu 钎料或真空钎焊工艺可有效避免 Cu 渗透裂纹的产生。

1.3　AgCuZnSn 钎料合金化的研究进展

硬钎焊主要应用于空调、制冷、家电、水暖、超硬工具等制造业，我国相关产业产值巨大。含 Cd 银基钎料传统上是应用最广泛的硬钎料之一，但由于 Cd 对人体的毒性，RoHS 指令已严格限制了工业产品中 Cd 的含量，必须开发一些低熔点元素替代 Cd，如：Sn、In、Ga 等。这 3 种金属元素既可降低钎料熔化温度，又可改善钎料的润湿性和流动性。但由于 Ga、In 属于贵金属，价格昂贵，从降熔点、改善钎料性能、控制成本角度综合考虑，Sn 是首选。

金属 Sn 的熔点为 232℃，在 AgCuZn 钎料中，Sn 主要富集于 β Cu 相。根据表 1-2，添加 Sn 可显著降低 AgCuZn 钎料的熔化温度、缩小钎料熔化温度区间、改善钎料流动性和润湿性。但随着银基钎料中 Sn 含量的升高，脆性增加，其力学性能下降。目前国内外对 AgCuZnSn 钎料合金化及微量元素调控方面的研究主要是：一方面通过提高 Sn 含量替代钎料中的部分 Ag 含量，降低钎料熔化温度，改善钎料性能；另一方面，在 AgCuZnSn 系四元合金钎料基础上，继续添加第 5 组元，如 In、Ga、Ni、P、La、Mn、Ce、Ge，或复合添加二元及以上合

金，调控钎料的组织性能，如 P-Ni、Ga-In、Ga-In-Ce 及 Ga-In-Ge。

1.3.1 AgCuZnSn 钎料体系的研究概况

GB/T 10046—2018《银钎料》对 9 种不同 Ag 含量的 AgCuZnSn 钎料的成分、熔化温度进行了规范。在 AgCuZnSn 钎料合金化方面，学者们主要从上述 9 种中选择 BAg25CuZnSn、BAg30CuZnSn、BAg34CuZnSn、BAg45CuZnSn、BAg56CuZnSn 这 5 个系列钎料进行研究。与 AgCuZnCd 钎料相比，AgCuZnSn 钎料无毒、无害，但其熔化温度稍微偏高，力学性能与 AgCuZnCd 钎料无法媲美。同时，随着 Sn 含量的升高，AgCuZnSn 钎料中出现 CuSn、AgSn 脆性相且比例呈递增趋势，使其塑性变差，影响钎焊质量和性能。因此，改善 AgCuZnSn 钎料的性能成为国内外众多研究人员关注的热点。

近 20 年来，国内外钎焊界的学者们对 AgCuZnSn 钎料做了大量的研究，据不完全统计，研究 AgCuZnSn 钎料的科研机构有 20 多家，具有代表性的钎料类型及科研机构见表 1-3。仅国内有关 AgCuZnSn 钎料的研究成果已超过 100 篇（包括会议论文、学位论文及专利），其中成果较丰富的主要有哈尔滨工业大学（冯吉才课题组，8 篇）、南京航空航天大学（薛松柏课题组，10 篇）、郑州机械研究所（龙伟民课题组，12 篇）。

表 1-3 国内外 AgCuZnSn 钎料的类型及科研机构

元素或合金	钎 料 类 别	研究机构（代表作者）
Sn	BAg25Cu46Zn23Sn6	波兰有色金属研究所（Wierzbicki L. J）
	BAg30CuZnSn	哈尔滨工业大学（曹健）
	BAg45CuZnSn	南京航空航天大学（薛松柏）
	BAg46.3Cu31.2Zn15.3Sn7.2	华北水利水电大学（王星星）
	BAg53Cu22ZnSnx ($x=2, 5, 8$)	吉林大学（李明高）
	BAg56Cu22Zn17Sn5	武汉理工大学（胡建华）
In	BAg20CuZn35SnxIn1.5 ($x=1\sim3$)	郑州机械研究所、郑州大学（龙伟民、武情倩）
	BAg30CuZn35Sn2.0Inx ($x=0.5\sim3$)	江苏科技大学（赖忠明）
	BAg53CuZnSnInx ($x=0\sim5$)	日本新潟大学（Watanabe T）
Ga	BAg65CuZnSn5Ga15	德国 Degussa 公司（Wolfgang W）
	BAg56Cu19Zn17Sn5Ga3	比利时 Umicore 公司（Daniel S）
	BAg17CuZn34Sn2Gax ($x=0.5\sim6$)	南京航空航天大学（薛松柏）
	BAg30CuZn35Sn2Gax ($x=0.5\sim6$)	江苏科技大学（赖忠明）
	BAg30Cu(36-x)Zn32Sn2Gax ($x=1\sim5$)	郑州机械研究所（龙伟民）

（续）

元素或合金	钎料类别	研究机构（代表作者）
Ge	BAg55Cu21Zn17Sn5Ge2	中南大学（孙斌）
Ni	BAg20CuZnSnP0.3Ni4.0 BAg20CuZn38Sn1.5Ni1.3	哈尔滨工业大学（冯吉才、李卓然） 杭州华光焊接新材料股份有限公司（王晓蓉）
Mn	BAg35CuZnMnSn BAg38CuZnMnSn BAg44CuZnMnSn BAg43CuZnMnSn	比利时 Umicore 公司（Daniel S）
P	BAg20CuZn32Sn6.5P1.2 BAg25Cu40Zn33Sn1P1	哈尔滨工业大学（冯吉才） 广州阿比泰克焊接技术有限公司（唐国保）
La Ce Pr	BAg20CuZn32Sn6.5La1.0 BAg30CuZnSnGaCe0.3 BAg30CuZnSnPr0.3	哈尔滨工业大学（冯吉才） 南京航空航天大学（薛松柏） 江苏科技大学（赖忠明）
Ni-P	BAg20CuZnSnP0.3Ni	哈尔滨工业大学（冯吉才、李卓然）
Ga-In	BAg16Cu40Zn38Sn2GaIn1 BAg30CuZnSn3Ga2In	南京航空航天大学（封小松） 江苏科技大学（赖忠明）
Ga-Ce	BAg56CuZnSn4.5Ga2.5Ce0.1 BAg38.9CuZn35Sn1.0Ga2.0Ce0.1	
In-Ce	BAg36.4Cu28.5Zn30Sn1In4Ce0.1	南京航空航天大学（薛松柏） 常熟市华银焊料有限公司（顾文华）
Ga-In-Ce	BAg30CuZnSnGa3In2Ce0.1 BAg35CuZnSnGa2.5In1Ce0.1	

在 AgCuZnSn 钎料制备技术方面，为改变 Sn 质量分数高的 AgCuZnSn 钎料难以加工成形的现状，国内研究者对 AgCuZnSn 钎料的加工技术进行了改进或革新，主要有轧制加工、原位合成、镀覆扩散组合、粉末电磁压制等方法，相对应的钎料及科研机构分别是 BAg55Cu21Zn17Sn5Ge2（中南大学孙斌）、Sn 的质量分数为 3.0% 的 AgCuZnSn 钎料（郑州机械研究所龙伟民）、Sn 的质量分数为 7.2% 的 AgCuZnSn 薄带（华北水利水电大学王星星）、BAg56Cu22Zn17Sn5 钎料压坯（武汉理工大学胡建华）。

在合金元素调控 AgCuZnSn 钎料组织性能方面，国内外研究者在 AgCuZn 钎料中添加单金属 Sn 的基础上，继续添加第 5 组元或二元及以上合金，主要是

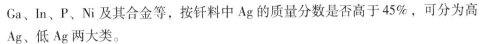

Ga、In、P、Ni 及其合金等，按钎料中 Ag 的质量分数是否高于 45%，可分为高 Ag、低 Ag 两大类。

1）高 Ag 钎料方面，有代表性的钎料分别是 BAg65CuZnSn5Ga15（德国 Degussa 公司 Wolfgang W）、BAg56Cu19Zn17Sn5Ga3（比利时 Umicore 公司 Daniel S）、BAg53CuZnSnInx（日本新潟大学 Watanabe T）、BAg56CuZnSn4.5Ga2.5Ce0.1（南京航空航天大学薛松柏）。

2）为了降低或节约钎料成本，研究人员通过添加不同合金元素降低钎料中的 Ag 的含量，开发不同的低 Ag AgCuZnSn 钎料，按 Ag 含量从高至低，代表性的钎料依次是 BAg36.4Cu28.5Zn30Sn1In4Ce0.1（南京航空航天大学薛松柏）、BAg35CuZnMnSn（比利时 Umicore 公司的 Daniel S）、BAg30Cu(36 − x)Zn32Sn2Gax（郑州机械研究所龙伟民）、BAg25Cu40Zn33Sn1P1（广州阿比泰克焊接技术有限公司唐国保）、BAg20CuZnSnP0.3Ni（哈尔滨工业大学冯吉才）、BAg16Cu40Zn38Sn2GaIn1（南京航空航天大学封小松）。但是，上述 AgCuZnSn 系钎料中，Sn 含量最高仅为 6.5%（质量分数），且钎料组织中存在一定比例的脆性相，即改善钎料性能与提高 Sn 含量是矛盾的。因此，高性能高 Sn 含量的 AgCuZnSn 钎料的研究是钎焊学术界和产业界的一大科学难题。

对于 AgCuZnSn 钎料的研究内容，国内外研究者主要集中在：

1）熔化温度。熔化温度作为 AgCuZnSn 钎料钎焊温度高低的重要参数，直接影响钎料的润湿性、填缝能力，主要依靠添加 In、Ga、P 及其合金等进行降熔。

2）润湿性。AgCuZnSn 钎料的润湿性决定其工艺可焊性，研究人员主要借助润湿角、润湿力、润湿面积等评价不同 AgCuZnSn 系钎料的润湿性，如开展 Ni、Mn、Ce 等对钎料润湿性的影响研究。同时，润湿试验中覆盖钎料的钎剂是促进 AgCuZnSn 钎料铺展的重要辅助焊剂，常用 FB102 钎剂，目前国内外有关新型钎剂开发及其去膜机理方面的研究还很少。

3）显微组织和力学性能。添加不同合金元素后，钎料的微观组织将发生变化（如 Ga 和稀土 La 可以细化钎料组织），而钎料组织决定其力学性能，通过微观组织的变化可以解释钎料力学性能降低或提高的原因。

4）钎缝界面组织及力学性能。AgCuZnSn 钎料在母材之间熔化形成冶金结合，母材与钎缝界面出现金属间化合物（如 Ni 可净化钎缝晶界消除磷化物脆性），在 AgCuZnSn 钎料中添加不同合金的元素势必影响界面元素扩散，从而影响金属间化合物的形成、生长，不同的金属间化合物组分调控钎焊接头的力学性能。

1.3.2 合金化的研究现状

Sn 在银基钎料中是有益元素，适量的 Sn（质量分数为 1% ~ 10%）可降低熔化温度、改善钎料润湿性，同时在一定程度上提高钎焊接头的力学性能。AgCuZnSn 钎料的显微组织主要由 Ag 相、Cu 相和 AgCu 共晶相及少量化合物相组成。采用熔炼合金化方法在 BAg45CuZn 钎料中添加 Sn 后发现：当钎料中 Sn 的质量分数为 5% 时，纯铜钎焊接头的抗拉强度最高，但当 Sn 的质量分数超过 5% 后，接头抗拉强度迅速降低；该研究表明：AgCuZnSn 钎料中 Sn 的最佳的质量分数为 5%。

对 BAg53Cu22ZnSnx（$x = 2$、5、8）钎料添加质量分数为 8.0% 的 Sn 后认为：钎料熔化温度区间缩小高达 41.9℃，随着 AgCuZnSn 钎料中 Sn 含量升高，TiNi 形状记忆合金与不锈钢激光钎焊接头的抗拉强度升高，该钎料的缺点是 Ag 含量高（质量分数超过 50%）。有报道采用 BAg25CuZnSn、BAg30CuZnSn、BAg45CuZnSn 这 3 种钎料感应钎焊 304 不锈钢和 H62 后发现：随着钎料中 Ag 含量升高，钎焊接头的抗拉强度降低，接头断口呈现典型的韧性断裂。一种 Sn 含量超过 10%（质量分数）的 AgCuZnSn 钎料（其中 Ag 的质量分数为 23.1% ~ 25.6%、Cu 的质量分数为 39.6% ~ 45.8%、Zn 的质量分数为 20.2% ~ 32.4%、余量为 Sn），其液相线温度低于 650℃（最低 550℃），该钎料在黄铜、纯铜表面润湿性非常好，黄铜钎焊接头的抗拉强度最高为 320MPa；但该钎料的缺点是钎焊接头强度较低，无法保证良好的使用寿命。

1.3.3 合金化的研究进展

为了进一步改善 AgCuZnSn 钎料的钎焊性能，国内外研究人员通过添加纯金属（In、Ga、Mn、Ni、P、La 等）或添加二元及以上合金（Ga-In、Ni-P、Ga-In-Ce）调控 AgCuZnSn 钎料的性能，从各元素对钎料或钎缝组织性能影响的角度开展 AgCuZnSn 系钎料合金化的研究，取得了丰硕的研究成果（如表 1-3 所示）。下面对含有上述纯金属或二元及以上合金的 AgCuZnSn 系钎料进行详细评述。

1. AgCuZnSnIn 钎料

In 的熔化温度比 Sn 低（156℃），添加 1% ~ 10%（质量分数）的 In 同 Sn 的作用一样，可降低钎料熔点、缩小熔化温度区间、增大钎料润湿面积、提高钎焊接头强度；AgCuZnSnIn 钎料的显微组织主要由银基固溶体、CuZn 化合物、$Cu_{10}Sn_3$ 化合物和 $CuIn_9$ 化合物组成。对 BAg20Cu（43.5 - x）Zn35In1.5Snx（$x = 1 ~ 3$）钎料系统研究后发现：随着 Sn 含量升高，201 不锈钢钎焊接头的抗拉强度先升高后降低，原因在于随着 Sn 含量升高，$CuIn_9$ 相消失，钎缝中出现 $Cu_{10}Sn_3$ 脆性相，导致钎焊接头抗拉强度下降。在 BAg30CuZn35Sn2.0Inx（$x = 0.5 \sim 3$）钎料中，当 In 的质量分数小于 1.0% 时，黄铜钎焊接头的抗拉强度近似直线增高，继续升高 In 含量，接头的抗拉强度呈现抛物线变化趋势；当 In 的质量分数升至 2.0% 时，钎料固、液相线温度大幅下降，分别降低 23℃、54℃。

开展 BAg53Cu21.5Sn11Zn（14.5 − x）Inx（$x = 0 \sim 5$）钎料中 In 质量分数的影响研究后认为：当 In 的质量分数为 1.0% 时，钎料各项性能最优，而当 In 的质量分数为 3.0% 时，钎料的液相线温度可降至 600℃，此时 304 不锈钢钎焊接头的抗拉强度超过 520MPa，为 BAg-1 钎料的 83%；但该钎料 Ag 的含量和 In 的含量偏高，使得 AgCuZnSnIn 钎料价格昂贵，在生产应用中具有一定的局限性。上述分析表明，In 在 AgCuZnSn 钎料中固溶度低，当其含量较高时，接头力学性能显著降低。

2. AgCuZnSnGa 钎料

Ga 的熔点比 Sn、In 更低（仅 29.8℃），与 Sn、In 的作用一样，添加适量的 Ga，不仅能降低钎料熔化温度、改善钎料润湿性，还能细化钎料组织、抑制钎料中脆性相的产生或生长。AgCuZnSnGa 钎料的显微组织主要由 CuZn、AgZn、AgGa、Cu_5Zn_8、Cu_6Sn_5、$CuGa_2$ 相组成。德国 Degussa 公司研制的 Ga 的质量分数高于 10% 的 AgCuZnSnGa 钎料，熔化温度为 580 ~ 630℃，当钎料中 Zn 的质量分数为 1% ~ 7% 时，钎料的润湿性、填缝能力最优，但该钎料 Ga 的含量过高，而金属 Ga 价格高，导致钎料成本太高，无法更好地推广应用。比利时 Umicore 公司开发的熔化温度区间仅 22℃ 的 BAg56Cu19Zn17Sn5Ga3 钎料，填缝能力极好，但因其 Ag 的含量过高、生产工艺复杂等因素，应用受到限制。

钎焊接头的显微组织如图 1-4 所示，基于对 Ag 的质量分数较低的 BAg17CuZn34Sn2Gax（$x = 0.5 \sim 6$）钎料中 Ga 的影响的研究发现：当 Ga 的质量分数为 2.0% 时，钎料组织中 Cu_5Zn_8 相消失，此时 H62/304 不锈钢火焰钎焊接头的抗剪强度比同 Ag 同 Sn 含量的 BAg17CuZnSn2 钎料接头的强度高 36.9%；继续升高 Ga 的质量分数至 6.0% 时，钎料组织中出现 Cu_5Zn_8 相，导致钎焊接头力学性能下降。

3. AgCuZnSnP 钎料

P 具有自钎性，添加 P 可降低 AgCuZnSn 钎料的熔化温度，改善钎料流动性。在 BAg20CuZn32Sn6.5 钎料中添加质量分数为 0.3% ~ 1.2% 的 P 后，发现钎料熔化温度区间变窄、钎料流动性加快；随着 P 的含量升高，1Cr18Ni9Ti 不锈钢钎焊接头的抗剪强度降低，原因在于 P 与钢基体反应生成 PFe 脆性相；随着 P 的含量继续升高，钎缝组织中 PFe 脆性相比例增加，使得钎焊接头抗剪强度降低的幅度更加明显；同时钎料中的 Cu_3P 相使得钎料的润湿性、填缝能力和接头力学性能下降。因此，PFe 相和 Cu_3P 相是造成 AgCuZnSnP 钎料性能变差的主要原因。

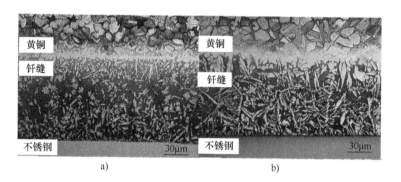

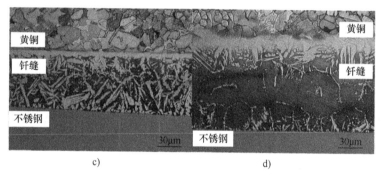

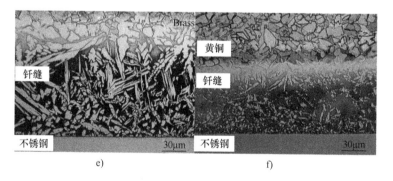

图 1-4　钎焊接头的显微组织

a）17AgCuZnSn　b）17AgCuZnSn-0.5Ga　c）17AgCuZnSn-1Ga　d）17AgCuZnSn-2Ga

e）17AgCuZnSn-3Ga　f）17AgCuZnSn-6Ga

4. AgCuZnSnNi 钎料

随着 Sn 含量升高，AgCuZnSn 钎料组织中容易出现 CuSn 脆性相，使得钎料及其接头的力学性能下降，添加适量的 Ni 可抑制或避免脆性相的产生。在 BAg20CuZn 钎料中同时添加 Sn 和 Ni 成功研制出 BAg20CuZn38Sn1.5Ni1.3 钎料，研究发现：当 Sn 的质量分数为 3.0% 时，不锈钢钎焊接头的抗拉强度高达 450MPa；当 Sn 的质量分数升至 4.0% 时，钎料中出现 Ag_2Cu_2O 氧化物，使得钎焊接头力学性能下降，但该钎料中未出现 CuSn 脆性相，说明 Ni 在 AgCuZnSn 钎料中具有抑制或避免脆性相产生的作用。

AgCuZnSnNi 钎料在盾构领域广为应用，采用 BAg50CuZnSnNi 三明治复合钎料在 670~750℃ 温度下，对盾构掘进机刀盘与整个特种刀具进行炉中钎焊，可满足盾构刀具的性能要求，在施工推进过程中起切削作用。

5. AgCuZnSnMn 钎料

Mn 可降低钎料的熔化温度、改善钎料润湿性，适当替代 Zn，具有二次脱氧作用；同时 Mn 可提高钎料的显微硬度和高温强度。Daniel 等人通过添加质量分数为 10% 的 Mn 代替贵金属 Ag，研制出 BAg35CuZnMnSn、BCu38AgZnMnSn、BCu44AgZnMnSn、BCu43AgZnMnSn 这 4 种含 Mn 的 AgCuZnSn 钎料，发现质量分数为 10% 的 Mn 使得钎料的熔化温度区间变窄，可避免钎缝组织产生缩孔、偏析等缺陷；同时，添加 Mn 后 AgCuZnSn 钎料中贵金属 Ag 的质量分数降低 10%，使得钎料价格大幅降低。但是，添加 Mn 易使钎料的熔化温度升高、填缝能力下降，并且 Mn 在钎料制造过程中易形成氧化物，造成钎料熔炼和连接困难。复合添加 Ni、Mn 能极大改善 AgCuZnSn 钎料的润湿性，当 Ni 的质量分数为 1.5%~2.0%、Mn 的质量分数为 1.0% 时，AgCuZnSnNiMn 钎料性能最佳，钎料组织中未出现脆性相，说明添加 Ni、Mn 可避免脆性相产生，但容易使得钎料的熔化温度升高。

6. AgCuZnSnGe 钎料

Ge 在元素周期表中介于金属与非金属之间，与 Sn 同族，熔点为 938℃，具有良好的半导体性质，可用于电子行业中温焊料的制造生产，满足电子、微电子元器件领域高精密高可靠性的要求。采用多道次轧制工艺制备的 BAg55Cu21Zn17Sn5Ge2 钎料，其熔化温度低于 615℃，且熔化温度区间小于 10℃；在 H_2 保护环境下，该钎料在纯铜表面的润湿性极好，润湿角介于 7.6~8.4° 之间，纯铜钎焊接头的抗剪强度为 153MPa；对某继电器钎焊部件的漫流性为 20mm/3s，满足钎焊可伐合金与 AgMgNi 的性能要求。但是，有关 Ge 在 AgCuZnSn 钎料中的存在形式及其调控机制方面的研究目前还很少涉及，有待进一步研究。

7. AgCuZnSnLa 钎料

稀土 La 具有细化钎料组织、防止钎焊过程中钎料被氧化的作用,同时改善钎料润湿性、抑制金属间化合物的生长。在 BAg20CuZn32Sn6.5 钎料中添加质量分数为 0.1%～1.0% 的 La 后发现:钎料组织逐渐细化、晶界更加明显,晶界上几乎无 Sn 偏聚,使得钎料成分趋于均匀化;随着 La 含量升高,钎料的熔化温度区间和润湿性均先升高后降低;在 La 的质量分数为 0.3% 时,该钎料在纯铜和不锈钢上的润湿面积大于国家标准中 BAg30CuZnSn 钎料的润湿面积要求;当 La 的质量分数为 0.5% 时,1Cr18Ni9Ti 不锈钢钎焊接头的抗剪强度高达212MPa。但是,由于 La 的化学性质活泼,钎焊过程中易生成氧化渣,当氧化物较多时,将严重阻碍液态 AgCuZnSn 钎料的填缝能力。

8. AgCuZnSnPNi 钎料

复合添加 P、Ni 时,可进一步降低 AgCuZnSn 钎料的熔化温度、改善钎料流动性,可消除钎缝中的脆性磷化物,提高钎焊接头的强度和耐蚀性。添加质量分数为 1%～2% 的 Ni 时,钎料组织晶粒变大、显微硬度升高。随着 Ni 含量升高,钎料熔化温度区间缩小,钎料组织中锡青铜相被破坏,CuP 相比例逐渐减少、Ni_3P 相比例逐渐增加,钎料抗拉强度呈现先升高后降低的变化趋势。原因是当 Ni 的质量分数超过 2.0% 后,钎料组织中出现新的 Ni_3P 脆性相,导致其力学性能下降。

9. AgCuZnSnGaIn 钎料

复合添加 Ga 和 In 时,比单一添加 Ga 或 In 时的降熔效果更好,可避免钎料中 CuSn、CuGa 硬脆相产生。添加 Ga 和 In 后,黄铜钎焊接头的抗拉强度比单独添加 Ga 或 In 时钎焊接头的抗拉强度高,BAg30CuZnSnGa3In2 钎料呈现最佳的填缝能力,接头断口为典型韧性断裂;Ga 和 In 在 AgCuZnSnGaIn 钎料中分布均匀、无偏析现象,如图 1-5a 所示,BAg30CuZnSnGa3In2 钎料的显微组织呈现明显的骨骼状特征。在 BAg30CuZnSnGaIn 钎料中添加微量 Ni 后,钎料组织中出现少量的 Ga-Ni 和 In-Ag 合金相,这两种相弥散分布、性能优异,在一定程度上提高了钎料的力学性能。

Ce 具有细化晶粒、强化晶界的作用,添加 Ga-In-Ce 合金时,稀土 Ce 与 Ga、In 对改善 AgCuZnSn 钎料的性能具有"协同效应"。但 Ce 不能固溶于银基、铜基固溶体中,主要以稀土相形式在 AgCuZnSn 钎料中存在,富集于晶界附近,起到"异相形核"质点作用,故 Ce 可提高 AgCuZnSn 钎料的润湿性和接头力学性能,但对 AgCuZnSn 钎料的熔化温度无显著影响。BAg30CuZnSnGa3In2Ce0.1 钎料的组织均匀、细密,主要呈现点状、条状及鱼目状微观组织(见图 1-5b),与钎料 BAg30CuZnSnGa3In2 的骨骼状组织明显不同。

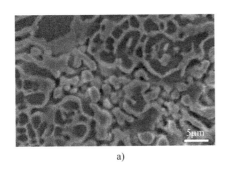 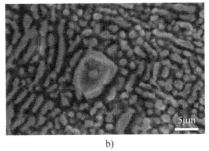

a)   b)

图 1-5　AgCuZnSnGaIn 钎料的显微组织

a）BAg30CuZnSnGa3In2　b）BAg30CuZnSnGa3In2Ce0.1

10. 其他研究

在 AgCuZnSn 钎料加工或钎焊过程中，不可避免地会带入 O、N、C 等杂质元素，从而影响钎料性能或接头的质量。研究表明，当 O 的质量分数升高至 0.02% 时，钎料抗拉强度稍微降低；当 O 的质量分数超过 0.03% 后，钎料抗拉强度从 300MPa 快速降至 170MPa；继续升高 O 含量，钎料固相线温度升高，在 O 的质量分数为 0.6047% 时，钎料固相线温度比铸态高近 56℃，同时由于钎料表层存在大量的氧化物，导致其无法很好地润湿 316 不锈钢母材。钎料中 O 含量升高导致钎缝中出现夹杂物，是钎焊接头强度和钎着率降低的主要原因。

1.4　银基钎料制备技术的研究现状

根据已有研究报道，银基钎料的制备方法主要包括传统轧制加工、电磁压制成形、热挤压、快速凝固、原位合成法等。

1. 传统轧制加工

传统的轧制加工方法依次经过钎料熔铸、均匀化退火、热挤压开坯或刨床铣面、热轧、中间退火、冷轧、冷精轧工序，来制造钎料产品。传统轧制加工方法的加工工序多、生产周期长、效率低，且加工过程中易产生氧化物，降低合金钎料的塑性加工性能。另外，加工制造特定形状的钎料时，传统轧制加工方法具有局限性，需再次加工。

中南大学张惠等在真空环境下采用熔炼合金化方法在高纯石墨坩埚中熔炼、浇铸 AgCuInSn 钎料，均匀化退火后热挤压开坯得到厚度为 4mm 的片材，多道次热轧至 0.28mm，然后进行中间退火处理，最后经过多次冷轧、冷精轧得到厚度约为 0.09mm 的钎料，抗拉强度达 495MPa。

三明治复合钎料是一种中间为应力缓释层（如 Cu 合金）、两边为钎料（如银基钎料）具有复合结构的钎料。郑州机械研究所采用两辊轧机进行多次热轧，成功制备（40~50）mm×（0.2~0.5）mm 的三明治复合 Ag 基钎料（BAg50CuZnNiMn），与国家标准中的 BAg49CuZnNiMn 钎料相比，该钎料固、液相线温度低，熔化温度区间小，润湿性、流动性好，已在市场上成功推广应用。

中南大学的孙斌等人采用轧制方法制备 AgCuZnSnGe 钎料。首先根据 BAg55Cu21Zn17Sn5Ge2 钎料的熔化温度，确定均匀化退火温度为 480~500℃，均匀化后对铸锭依次进行铣面、热轧、冷轧。热轧前需对钎料铸锭进行预热，达到轧制温度后保温 2h，热轧至厚度为 1.0mm。热轧后用稀 H_2SO_4 酸洗将表面的油污和氧化物去除，然后在 H_2 保护环境下退火 90min，最后利用冷轧机将其轧制成厚度为 0.2~0.4mm 的薄带，每轧两道次后测量其厚度。制备的钎料熔化温度为 602.8~612.5℃，钎料抗拉强度为 325MPa，抗剪强度为 159MPa，漫流性为 20mm/3s，满足实际钎焊要求。

2. 热挤压法

热挤压是在热锻温度下借助于金属材料塑性好的特点，对金属进行挤压成形。目前，热挤压主要用于制造长形件、型材、管材等。在钎焊领域，该方法主要用于制备药芯 Ag 焊丝。佛山益宏焊接有限公司公开的专利"银基药芯焊丝及制造方法"，提供一种采用热挤压灌芯的生产工艺制造无缝药芯 Ag 焊丝，具体步骤如下：首先将钎剂粉末放入罐中升温至 580~600℃；再将按比例配置的 Ag、Cu、Zn、Sn 原料熔铸为棒状；然后将挤压装置升温至 520~530℃，同时将铸锭预热；再然后将预热的铸锭放入挤压装置，启动压机，将合金挤入引料锥，形成空心管；最后将液态钎剂注入空管内，制造药芯 Ag 焊丝。该方法可用于制备 AgCuZnSn 无缝药芯钎料，工艺简单、成本低，主要用于高温钎焊领域。

采用热挤压-雾化组合方法可制备高 Sn（质量分数）AgCuZnSn 药芯钎料。将 0.2mm 厚的 U 形 AgCuZn 钎料薄带与雾化制备的 Cu20Sn 合金粉通过药芯装置合成、拉拔、切断，可制备直径为 1.0~2.5mm 的 AgCuZnSn 焊条。该方法解决了高 Sn（质量分数）银基药芯钎料难以加工的问题，成品钎料中 Sn 含量大幅提高，但由于 Sn 含量过高，钎缝中易出现 CuSn 脆性相，影响钎焊接头的力学性能，故该方法在工业应用中具有一定的局限性。

3. 快速凝固法

快速凝固法是制备材料的一种新方法，采用急冷技术或深过冷技术获得高凝固前沿推进速率的凝固过程。液态金属以 $10^4 \sim 10^8$℃/s 的速度冷凝为固态，液、固相转变很快，制备的材料性能与熔炼合金化方法得到的铸锭存在很大差异，其组织多呈非晶、微晶态。与传统轧制加工相比，快速凝固法制备的钎料合金化和均匀化程度高、流动性好，且其成分可调，具有制造成本低、生产效率高等优点。快速凝固法主要包括单辊法、双辊法和熔体拉曳法，其中应用单辊法的较多。

波兰学者 Dutkiewicz 等在制备 AgCuSn 钎料时，在 Ar 保护氛围中将纯度为99.9% 的原材料置于石英坩埚中熔炼，然后用压力为 14MPa 的 He 将液态合金从坩埚底部一个 0.75mm 大小的洞口喷射至以 26m/s 速度旋转的 Cu 辊上，成功制备 2mm × (30 ~ 35) μm AgCuSn 钎料。

中南大学采用单棍急冷法成功制备厚度小于 0.1mm 的 AgCuInSn 箔带钎料。快速凝固法制备的箔带钎料，其物相主要由富 Ag 相和 $Sn_{11}Cu_{49}$ 相组成。与挤压开坯方法相比，钎料组织简单、夹杂物含量低，故快速凝固法制备的钎料成材率高、工艺简单，有利于批量生产。

快速凝固法是钎料制造领域的一种突破性新技术，在欧美发达国家已作为成熟的加工工艺生产制造钎料，但在国内尚无一家生产企业采用该技术制造钎料。

4. 电磁压制成形

粉末电磁压制是通过储能电容器放电产生电磁力将粉末压实的成形工艺，具有成形时间短、冲击速度快等特点，且粉末的基本变形行为与低速压制时不同。1976 年，曼彻斯特大学的学者们将电磁压制技术成功应用于粉末冶金压制领域，研制出多种形态的零部件。根据电磁力施加方向不同，电磁压制技术主要包括轴向压制和径向压制两种。

武汉理工大学的徐志坤采用低电压电磁压制和液相烧结方法对 Ag-22Cu-17Zn-5Sn 系中温银基钎料粉末进行系统研究。目前，在钎焊材料领域，电磁压制方法可用于制备薄带钎料。采用低电压电磁压制方法（其试验工装示意图如图 1-6 所示）已获得形状完好、压坯厚度约为 0.2mm 的 BAg56Cu22Zn17Sn5 钎料，Zn 在 Ag 和 Cu 中的溶解度远高于 Ag 和 Cu 在 Zn 中的溶解度。同时，该课题组借助理论分析、工艺试验和软件拟合相结合的方法，构建了电磁压制条件下 AgCuZnSn 钎料的高速率压型方程，该结果为电磁压制工艺的数值分析和 AgCuZnSn 系多元粉料压制工艺的合理设计提供了一定的理论依据和工程指导。随着烧结温度升高，BAg44Cu28Zn25Sn 钎料压坯中 $Cu_{5.6}Sn$ 相的比例增加，ZnO 相的衍射峰值减小，压坯的显微硬度和致密度升高；但是，随着烧结时间延长，烧结体中少量 $Cu_{5.6}Sn$ 相变为塑性极差的 $Cu_{10}Sn_3$ 相和 Cu_3Sn 相，同时 ZnO 相含量升高，使得压坯的致密度、硬度及钎焊性能下降。

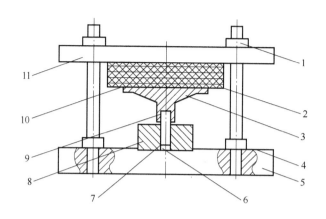

图1-6　低电压电磁压制方法的试验工装示意图

1—螺母　2—平板线圈　3—放大器　4—取件垫块　5—下固定板　6—螺栓

7—压坯　8—凹模　9—凸模　10—驱动片　11—上固定板

5. 原位合成法

原位合成法是一定条件下，依靠合金成分设计，在合金体系内发生化学反应或扩散作用生成一种或几种高硬度、高弹性模量的增强物相，实现增强基体材料的工艺，如图1-7所示。在钎焊过程中借助 AgCuZn/ZnCuAgSn/AgCuZn（类似三明治结构）复合焊片原位合成 AgCuZnSn 钎料，成功得到 Sn 的质量分数为3.0%的 AgCuZnSn 钎料；发现复合钎料的加工性能优于同成分的 AgCuZnSn 钎料；采用该钎料钎焊不锈钢的过程中两种合金几乎同时熔化，经瞬间保温后可充分熔合。但原位合成方法的缺点是：钎焊过程中 AgCuZnSn 钎料成分不易精确控制，且该钎料 Sn 含量较低，316LN 不锈钢钎缝界面存在 Cu_6Sn_5 脆性相，严重影响钎焊接头的力学性能。

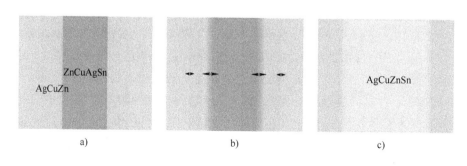

图1-7　Ag 钎料原位合成法示意图

a) 反应前　b) 反应中　c) 成分均匀化后

6. 热压烧结法

有报道分析预合金粉成分及烧结工艺对金刚石刀头寿命的影响，将 Ag、Cu、Zn、Sn、Ni 等元素与 Cr、Fe、Ti、V 等强碳化物形成元素，按一定配比及雾化工艺制得不同的预合金粉末，然后将预合金粉末和金刚石颗粒进行混合冷压，最后在真空和非真空条件下热压烧结制备金刚石刀头。研究表明，必须采用真空热压或气体保护环境热压制作金刚石刀头，依据金属的理化性能和金刚石工具的使用条件合理选择预合金粉成分。

7. 其他方法

为降低 BAg72Cu 钎料的熔化温度，瑞士联邦材料科学与技术研究所的 Rusch 等采用磁控溅射方法成功研制一种银基纳米多层膜。钎料层是厚度 2 ~ 20nm 的 Ag60Cu 共晶，以厚度为 10nm 的 C 作为扩散阻挡层，多次沉积后 AgCu/C 叠层厚度为 250 ~ 3000nm。当 AgCu 钎料层厚度为 3 ~ 12nm 时，AgCu/C 多层膜的固相线温度降低了 40 ~ 50℃。在钢基体上沉积厚度 4μm 的纳米多层膜，真空钎焊温度可降至 750℃，钎料在钢基体上的润湿性较好。

1.5 镀覆技术在钎焊领域的应用现状

镀覆技术是现代表面工程技术之一，是在传统电镀技术基础上，综合利用各种物理、化学、机械等工艺在基体表面或局部沉积一层或几层金属覆盖层，从而赋予基体工件表面某种特殊功能特性，使之成为一种新型材料的表面技术。

钎焊前对工件表面镀覆金属是一种特殊的钎焊工艺措施，一般是基于简化钎焊工艺或改善钎焊质量的要求，但是在某些情况下是实现工件良好钎焊连接的主要方法。镀覆金属的方法主要有电镀、化学镀、刷镀、渗镀、热喷涂、热浸镀等。利用上述方法改变工件表面性能，然后进行连接，可获得性能优异的钎焊接头。

1. 电镀技术

牛济泰院士等以体积分数为 55% 的 SiC_p/ZL101 复合材料和可伐合金 4J29 为母材，首先在复合材料表面电镀镍，然后在 420℃、保温 7min 的条件下，采用 Zn-Cd-Ag 钎料开展 SiC_p/ZL101 复合材料和可伐合金的气体保护钎焊研究。研究发现，复合材料表面镀镍可提高钎料对其润湿性，钎焊过程中钎料与可伐合金和镀层界面处均出现过渡层，镀层与复合材料通过扩散形成了冶金结合。断口分析表明，钎焊接头的断口位于复合材料内部，距离镍镀层较近。

清华大学任家烈教授等利用辉光钎焊工艺，在低真空下对含镍钛镀层陶瓷与钢板进行无钎剂钎焊。试验表明，选用 Ni 作为基质金属，可有效缓解接头的残余应力，钎焊接头的抗剪强度超过 100MPa，在钎焊接头陶瓷一侧活性元素 Ti 的存在增强了金属层与陶瓷的界面反应。

四川大学的 Feng 等通过在 CuZn 钎料表面电镀镍层，用于钎焊连接 WC/Co 硬质合金和 30Cr13 马氏体不锈钢。在钎焊温度和时间分别为 1100℃、10min 时，钎焊接头的抗剪强度为 154MPa。卡里加里大学的 Alhazaa 等首先在 Al7075 和 Ti-6Al-4V 表面分别电镀铜，然后采用 Sn-3.6Ag-1Cu 钎料对镀铜后的 Al7075 和 Ti-6Al-4V 进行真空钎焊。研究表明，随着保温时间延长，钎焊接头的抗剪强度逐渐升高，在保温时间为 60min 时，钎焊接头的抗剪强度最高，为 42.3MPa。

2. 化学镀技术

北京科技大学的吴茂等采用 Sn2.5Ag2.0Ni 钎料对具有 Ni(P)/Ni(B) 和 Ni(P)/Ni 两种镀层结构的 SiC$_p$/Al 复合材料进行了钎焊连接。研究表明，两种钎焊接头组织均生成 Ni$_3$Sn$_4$ 金属间化合物。时效初期 SnAgNi/Ni(B)/Ni(P) 钎焊接头的抗剪强度比 SnAgNi/Ni/Ni(P) 钎焊接头的抗剪强度低，时效处理 250h 后 SnAgNi/Ni(B)/Ni(P) 钎焊接头的抗剪强度快速升高，比 SnAgNi/Ni/Ni(P) 钎焊接头高。SnAgNi/Ni/Ni(P) 接头失效的主要原因是 Ni$_3$Sn$_4$ 化合物相生长产生裂纹，而 Ni(P) 镀层中定向扩散的 Ni 原子使 SiC$_p$/Al 复合材料与 Ni(P) 界面出现孔洞是 SnAgNi/Ni(B)/Ni(P) 接头失效的主要原因。

3. 刷镀技术

针对铝合金与不锈钢的理化性能相差大，两者直接连接后界面易生成 AlFe 脆性化合物，吴毅雄等研究了 5A03 铝合金与 304 不锈钢 Ni/Cu 过渡层的钎焊工艺及接头组织性能。研究表明，钎焊接头组织中钎料、母材、Ni/Cu 过渡层等各界面紧密连接，尤其是钎缝和母材界面未出现 Al-Fe 脆性相。面心立方结构的 Ni/Cu 刷镀层可有效阻挡 Al、Fe 等原子扩散，钎缝与镀铜界面生成少量的 AlCu$_3$ 相。基于 Ni/Cu 过渡层的复合钎焊，成功连接 5A03 铝合金和 304 不锈钢，为相关领域的工程应用提供技术支撑。

哈尔滨工业大学的王春青等通过在铝合金表面刷镀镍阻挡层和铜改性层，将 6063 的连接转化为 Cu 的连接，在镀铜层的表面刷镀 SnPb 钎料进行钎焊连接，借助开发低应力镀镍液、调整刷镀工艺参数解决镍阻挡层的裂纹缺陷，并分析镀层的表面形貌、钎缝组织。研究表明，通过在镀铜层表面刷镀 SnPb 钎料可实现软钎焊连接，镀镍层、镀铜层钎焊后无缺欠出现。

4. 渗镀技术

张红霞开展陶瓷基体表面复合渗镀合金化的研究，先在 Si$_3$N$_4$ 陶瓷基体表面复合渗镀 CuTi 层，然后对带渗镀层的 Si$_3$N$_4$ 陶瓷与金属进行真空钎焊连接。

研究发现，渗镀合金层中主要含有 Cu、Ti、Fe、Si、Al 5 种元素，其中 Cu、Ti 均匀分布，渗镀层组织中主要存在 Cu、$CuTi_2$、$TiSi_2$ 3 种相；陶瓷基体与渗镀层结合度高，没有出现剥离、崩落现象。钎焊接头组织中陶瓷和金属结合紧密，没有出现明显的宏、微观缺欠。

5. 热喷涂改性技术

张忠礼等采用钎焊方法对热喷涂 H08 低碳钢涂层、4Cr13 马氏体不锈钢涂层与 20 钢进行了连接，研究分析 H08 低碳钢涂层和 40Cr13 马氏体不锈钢涂层的钎焊工艺及接头的组织性能。研究表明，Sn 焊可以很好将两种低碳钢涂层或将低碳钢涂层与低碳钢连接；Ag 焊不仅可以很好地连接低碳钢涂层，还可钎焊马氏体不锈钢涂层；两种钎焊接头的抗拉强度都高于涂层的层间结合强度。

6. 表面钎涂技术

钎涂技术的本质是一种特殊的钎焊，将高熔点硬质合金材料在高温短时真空或气体保护氛围中与钢质基体烧结在一起。烧结过程中，在表面合金层与基体之间的界面，各种元素发生扩散互溶而产生一种耐磨或耐腐蚀层，使得表面合金层与钢质基体形成一种典型的冶金连接。

有文献采用钎剂作保护，通过炉中钎焊方法在 Q235A 钢表面成功制备 WC/Cu 复合材料耐磨涂层。结果表明，使用粉状铜基钎料在大气环境下形成的涂层气孔、渣孔等缺欠情况如下：当涂层厚度为 1mm 时，在 100 倍的金相显微镜下未发现明显的气孔、渣孔，缺欠低于 0.3%；当涂层厚度为 2mm 时，气孔、渣孔等缺欠低于 1%；当涂层厚度为 4mm 时，气孔、渣孔等缺欠接近 4%；涂层与基体的结合强度高于涂层自身的强度；WC 的质量分数为 40% 时钎涂层耐磨性能良好。

上述电镀、化学镀、刷镀、渗镀、热喷涂等表面镀覆技术的研究对象均是基体母材改性，通过在母材表面镀覆一层或多层金属，将难焊材料转变为易焊材料，改变钎焊接头的组织、性能，满足工程需求，但这几种表面镀覆技术目前未用于钎焊材料制造领域。而钎涂技术对基体材料有很高的要求，其应用具有一定的局限性。

1.6　扩散合金化技术的研究概况

扩散合金化是指在金属颗粒或合金粉末与基体材料接触或掺合的条件下，对金属颗粒或合金粉末与基体金属材料进行扩散退火或烧结处理，制备合金材料。

1. 扩散处理制备合金粉末

通过对电解 Cu 粉、雾化 Sn 粉的部分合金化过程的研究，成功制备适于制造高速、低噪音、微型含油轴承的 CuSn10 部分合金化粉末。研究表明：电解 Cu 粉和雾化 Sn 粉经混合、扩散处理后可形成 CuSn10 部分合金化粉末。原料粉末混合得越均匀，CuSn10 部分合金化的效果越好；只有在合适的粉末压坯密度下，才有利于 Sn 熔化后 Sn 液的充分流动，促进合金的均匀化过程；在相同压坯密度下，合金化粉末压坯强度优于雾化粉末的压坯强度。

2. AlSi 钎料环的扩散热烧结

采用 40 目的 AlSi12 钎料、200 目的 Noclock 钎剂（主要为 K_3AlF_6）按 15∶85 的比例热压烧结制备自钎剂钎料环。利用装粉靴将混合粉末置入模具型腔内，将混合粉压实并排除模具型腔中混合粉内的气体，重复上述操作直到获得厚度为 3.5mm 的钎焊环，最后在 54kN 压力下快速加热到 500℃，烧结一定时间后，得到相关规格的焊环。该热压烧结法制备的 AlSi 自钎剂钎料环性能可靠，满足铝合金管的焊接要求。

3. 金刚石刀头胎体材料

采用雾化法预制的 FCu14 合金粉（Fe 的质量分数为 60% ~ 70%，Cu 的质量分数为 15% ~ 20%，Sn 的质量分数为 2% ~ 3%，Zn 的质量分数为 2% ~ 3%）与 Fe 粉、Cu 粉、Sn 粉、Zn 粉等胎体粉热压烧结制备胎体材料，粉末粒度均为 200 目。研究表明，添加 FCu14 预合金粉可有效降低胎体孔隙率，提高胎体成分均匀性；随着合金粉中 FCu14 含量升高，胎体孔隙率降低，胎体的抗剪强度与抗弯强度呈先升高后降低的趋势；在 FCu14 预合金粉的质量分数为 12% 时，胎体材料的抗剪强度与抗弯强度达到最高值。

4. 钎焊法金刚石表面合金化

日本学者对装饰用金刚石和金属抛光卡具的低温钎焊工艺开展了研究。首先采用 V-H 化物粉末和 AgCu 共晶粉对金刚石表面真空金属化，在 807℃保温 4min，出现 V_4C_3 化合物后，AgCu 共晶熔化，Ag 粉沉积于金刚石表面。然后在大气氛围中采用 Zn5Al 钎料超声波钎焊金刚石。研究发现金刚石表面形成 V-C 化物时产生放热反应，其中 V-C 化物包括 $V_4C_{2.67}$、V_4C_3 和 V_8C_7。

为在金刚石颗粒表面直接形成与金刚石冶金结合的金属化层，分别在金刚石颗粒表面均匀地钎焊上一薄层 NiCr 钎料、NiCr 混合料、AgCuTi 钎料。研究表明，NiCr 混合料和 AgCuTi 钎料金属化的金刚石颗粒，晶型完整、强度受损小；采用 NiCr 混合料金属化的金刚石直接钎焊，性能优异；含 Ti 钎料金属化的金刚石颗粒不易钎焊；表面金属化的金刚石颗粒经过钎焊可用于制造单层金刚石工具。

5. 未来的研究重点

随着新技术、新材料的不断发展、应用，采用熔炼合金化的方法调控钎料组织性能已难以满足工业对银基钎料的需求，未来对于银基钎料的研究重点应侧重以下几个方面：

（1）药芯和药皮钎料　开展无缝药芯 Ag 焊丝和有缝 Ag 焊丝的研发，改变传统钎料配合添加钎剂焊接的方式，无需添加钎剂，直接进行钎焊，精确控制钎剂用量，实现自动化钎焊。

药皮钎料，由钎料芯和包覆钎料芯的药皮组成，钎料芯为 Ag 钎料丝，药皮为钎剂。该钎料无需再添加钎剂，直接进行钎焊，可准确控制钎剂用量，用于制冷、空调等领域的中温钎焊。

（2）微纳米钎料　微纳米钎料的研发，可解决微米、纳米级零部件的连接难题，进一步拓宽钎焊技术的应用范围。清华大学提出一种利用飞秒激光辐射加热连接纳米材料的方法，采用纳米 Ag 钎料对 Pt-Ag 纳米颗粒进行了钎焊连接。纳米钎焊接头界面出现 <111>（Ag）//<111>（Ag-Pt）非常好的晶格匹配，钎缝与母材界面无缺欠出现。

（3）新型制造方法　将传统工艺与钎焊技术结合，开展钎料新型制造方法的研究，拓宽钎料的制造技术，为高品质新型钎料的制造生产提供一种新途径。

镀覆技术和扩散合金化技术均具有独特的优越性和应用前景，如果将镀覆技术和扩散合金化技术有机组合用于钎料制造领域，开展镀覆-热扩散组合工艺制备新型钎料的研究，将为新型钎料的生产加工提供新的技术途径。本课题的研究正是基于该思路展开的。

1.7　本书的主要内容

随着工业中新材料、新技术的不断发展、应用，以及结构件对钎焊接头的更高要求，对银基、铜基钎料的要求也越来越高，采用熔炼合金化方法调控钎料组织性能已难以满足工业对钎料的迫切需求。如何突破熔炼合金化的合金元素极限，制备新型银基、铜基钎料，为银基、铜基钎料的制造生产提供一种新的技术途径，是困扰国内外焊接学术界和产业界的技术难题。

Sn 镀层具有无毒、易焊接、导电性好、晶粒细小、光泽度高、钎焊性好等特性，应用前景广阔。与传统熔炼合金化方法制造 AgCuZnSn 钎料不同，本书吸收镀覆制备技术和扩散合金化的优点，将镀覆-热扩散组合工艺应用于钎焊材料制造领域，以银基钎料为基材，采用镀覆技术在其表面镀覆锡，经热扩散处

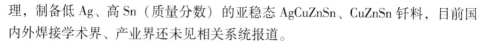

理，制备低 Ag、高 Sn（质量分数）的亚稳态 AgCuZnSn、CuZnSn 钎料，目前国内外焊接学术界、产业界还未见相关系统报道。

本书的研究目的如下：

1）制备熔化温度低、润湿性佳的亚稳态 AgCuZnSn 钎料，揭示 Sn 含量对亚稳态钎料性能的影响规律，考察其钎焊工艺性。

2）获得亚稳态 AgCuZnSn 钎料的最佳镀覆-热扩散制备工艺。

3）考察亚稳态 AgCuZnSn 钎料钎焊接头的组织和性能，揭示亚稳态钎料中 Sn 含量对钎焊接头组织和性能的影响规律。

4）揭示亚稳态钎料的相变热力学特性，建立亚稳态钎料钎焊工艺性和接头力学性能的定量表征方法。

5）揭示扩散过渡区的主要物相组成，考究 Sn 的扩散机制，建立扩散过渡区生长的本构方程。以上研究将为镀覆-热扩散组合工艺在钎焊领域的拓展应用、亚稳态钎料的钎焊工艺和连接性能、新型节 Ag 降 Ag 钎料的制造生产提供理论基础和技术支撑。

依托国家自然科学基金项目（51705151、52071165）、河南省优秀青年科学基金项目（202300410268）、中国博士后科学基金面上资助项目（2019M662011）、新型钎焊材料与技术国家重点实验室开放课题（SKLAFMT201901）、先进焊接与连接国家重点实验室开放课题（AWJ-21M11）完成本书的主要研究内容，具体包括：

1）镀覆制备亚稳态钎料的工艺优化。采用电流密度、镀液温度、施镀时间等多参数协同控制的镀层厚度控制技术，通过调控镀层厚度控制亚稳态钎料中 Sn 含量，优化电镀、化学镀、刷镀 3 种镀覆制备工艺。

2）亚稳态钎料的扩散界面形成机制研究。分析扩散参数对亚稳态钎料界面显微组织和亚稳态钎料熔化温度的影响，揭示亚稳态钎料扩散过渡区的主要物相组成，探讨扩散过渡区形成机制和界面化合物产生的原因，建立扩散温度、时间与扩散过渡区生长的本构方程。

3）亚稳态钎料的性能优化。通过调节扩散的 Sn 含量优化钎料成分，调控亚稳态钎料的熔化温度、润湿性及力学性能，揭示扩散的 Sn 含量对亚稳态钎料性能的影响规律。

4）亚稳态钎料钎焊接头的组织和性能研究。采用不同 Sn 含量的亚稳态银基和铜基钎料以火焰、感应钎焊工艺连接黄铜、不锈钢，以期获得钎焊接头显微组织、性能与 Sn 含量的变化规律。通过模拟海水环境，评价该钎料钎焊接头的耐蚀性。

5）亚稳态钎料的热力学特性研究。理论分析亚稳态钎料的相变热力学特性，采用热力学参量定量表征亚稳态钎料的钎焊工艺性和接头力学性能。以期获得通过调节添加 Sn 含量来改善钎料润湿性的内在原因，揭示相变速率与熔化温度的变化关系，验证定量表征方法的可行性。

1.8 本章小结

本章主要对银基钎料的研究现状、AgCuZnSn 钎料的研究进展、银基钎料制备技术的现状、镀覆技术在钎焊领域的应用、扩散合金化技术的研究概况等进行了综述，为本书后面章节的阐述与讨论提供了理论依据。

第 2 章

镀覆制备与检测分析

2.1 本书的技术路线

首先根据试验需要选择基体钎料，在其表面镀覆锡，利用镀覆参数协同优化镀覆工艺，确定最佳工艺后，对亚稳态钎料进行热扩散处理，制备亚稳态钎料。其次分析亚稳态钎料的熔化温度、润湿性等性能，通过调节 Sn 含量调控钎料的显微组织和性能。用亚稳态钎料连接不锈钢、黄铜，对钎焊接头显微组织、性能进行研究，并与传统钎料接头组织、性能进行对比。同时探讨亚稳态钎料扩散界面的形成机制，最后理论分析亚稳态钎料的热力学特性。本书的技术路线图如图 2-1 所示。

基体钎料：选用一定温度下处于相平衡状态的 Ag 钎料产品作为被镀覆基材。

传统钎料：通过传统熔炼合金化方法添加金属组元制备的钎料。

亚稳态钎料：将已达到金属组元固溶极限，同时在一定温度下处于热力学平衡状态，用常规方法难以继续添加金属组元或添加后难以再加工的钎料作为基材，利用镀覆制备技术在该钎料表面添加一种或多种金属组元，通过热扩散处理使之合金化，若合金钎料中存在具有较高表面能的第二相或化合物相，使其处于热力学亚稳态，则该合金钎料称为亚稳态过饱和钎料，简称亚稳态（过饱和）钎料。

2.2 试验材料

（1）基体钎料　选用 BAg45CuZn、BAg50CuZn、BAg34CuZnSn、BAg56CuZnSn 这 4 种常用的 Ag 基钎料为基体，尺寸为（30~100）mm ×（15~50）mm ×（0.15~

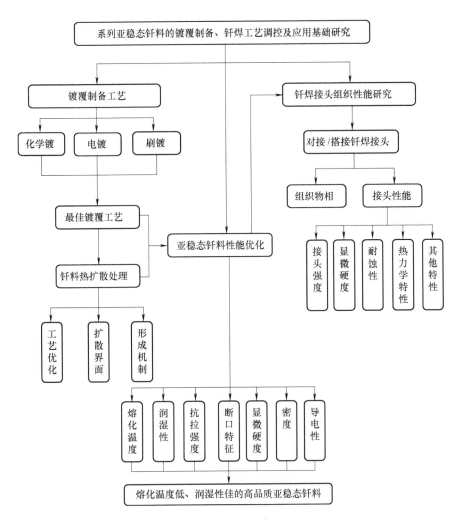

图 2-1　技术路线图

0.5)mm，这 4 种钎料的化学成分及熔化温度、钎焊温度等特性见表 2-1。

表 2-1　基体钎料的化学成分及特性

钎料	化学成分（质量分数）（%）				熔化温度/℃	钎焊温度/℃
	Ag	Cu	Zn	Sn		
BAg45CuZn	44.0~46.0	29.0~31.0	23.0~27.0	—	665~745	760~810
BAg50CuZn	49.0~51.0	33.0~35.0	14.0~18.0	—	690~775	780~830
BAg34CuZnSn	33.0~35.0	35.0~37.0	25.0~29.0	2.5~3.5	630~730	740~800
BAg56CuZnSn	55.0~57.0	21.0~23.0	15.0~19.0	4.5~5.5	620~655	670~720

（2）钎料成分　以 BAg50CuZn 钎料和 BAg34CuZnSn 钎料为基体，制备的钎料分别记为 S1 型钎料、S2 型钎料，具体化学成分（质量分数）见表 2-2 和表 2-3。以 BAg45CuZn 钎料为基体，制备的钎料记为 S3 型钎料，具体化学成分（质量分数）：Ag 43.94%，Cu 28.73%，Zn 24.86%，Sn 2.47%。

表 2-2　S1 型钎料的化学成分

设计 Sn 的质量分数（%）	化学成分（质量分数）（%）			
	Ag	Cu	Zn	Sn
2.4	48.31	33.50	15.8	2.39
4.8	47.26	32.24	15.7	4.80
5.6	46.98	31.83	15.61	5.58
6.0	46.85	31.60	15.53	6.02
7.2	46.27	31.15	15.36	7.22

表 2-3　S2 型钎料的化学成分

设计 Sn 的质量分数（%）	化学成分（质量分数）（%）			
	Ag	Cu	Zn	Sn
4.0	33.23	35.80	26.92	4.05
4.5	33.05	35.76	26.67	4.52
5.0	32.73	35.68	26.60	4.99
5.5	32.56	35.55	26.38	5.51
6.4	32.24	35.29	26.04	6.43

（3）钎剂　所用钎剂为 FB102，其化学成分及特性见表 2-4。

表 2-4　FB102 钎剂的化学成分及特性

化学成分（质量分数）（%）			熔化温度/℃	活性温度/℃
KF	B_2O_3	KBF_4		
42.0	35.0	23.0	≈550	600～850

（4）母材　分别选用 H62 黄铜及 316LN 和 304 不锈钢，具体化学成分见表 2-5。

表 2-5　不同母材的化学成分

材质	化学成分（质量分数）（%）						
304 不锈钢	C	Si	Mn	P	S	Ni	Cr
	≤0.08	≤1.00	≤2.00	≤0.035	≤0.03	8.0～11.0	18.0～19.0

（续）

材质	化学成分（质量分数）（%）							
316LN	C	Si	Mn	P	S	Ni	Cr	Mo
不锈钢	≤0.03	≤0.75	≤2.00	≤0.045	≤0.03	10.0~14.0	16.0~18.0	2.0~3.0
H62	P	Fe	Pb	Sb	Bi	Cu	Zn	杂质
黄铜	≤0.01	0.15	0.08	≤0.005	≤0.002	60.4~63.5	余量	≤0.5

2.3 钎料的制备方法

采用镀覆-热扩散组合工艺制备亚稳态钎料。具体步骤为预处理、镀覆锡、热扩散处理。

2.3.1 预处理

在基体钎料镀覆锡前，需要对其表面进行预处理，具体处理工序依次如下：

（1）酸洗 采用质量分数为15%的 HCl 水溶液，室温下酸洗 2~3min。

（2）碱洗 80~90℃下碱洗 3~4min，碱洗液为 18~20g/L NaOH + 40~45g/L Na_2CO_3 + 45~50g/L $Na_3PO_4 \cdot 12H_2O$ + 8~10g/L $NaSiO_3$。

（3）清洗 采用 KQ-300VDB 型超声波清洗器清洗 5min，频率为 40kHz，功率为 300W，温度为 45℃。

（4）电净 在电净单元中洁净 2~3min，溶液为 22~25g/L NaOH + 12~15g/L Na_2CO_3 + 45~50g/L $Na_3PO_4 \cdot 12H_2O$ + 2.0~2.5g/L NaCl，pH = 12，温度为 70~80℃。

（5）活化 在活化单元中黏附活化 1~3min，活化液为 30mL/L HCl + 150g/L NaCl，pH = 0.3~0.4，温度为室温。

（6）钝化 在钝化单元中化学钝化 1~2min，钝化液为 30~32g/L $K_2Cr_2O_7$ 和 25~30mL/L HNO_3，温度为 30~40℃。

钎料表面预处理之后，采用电镀、化学镀、刷镀 3 种镀覆方法在基体钎料表面镀覆锡。下面分别介绍这三种镀覆方法。

2.3.2 镀覆锡的方法

（1）电镀方法 采用双阳极方法在基体钎料表面电镀锡，所用试验装置示意图如图 2-2 所示。阳极为纯度超过 99.99% 的锡板，尺寸为 40mm × 45mm × 3mm，阴极为 2.2 节所述基体钎料中的一种，尺寸为 60mm × 40mm × （0.15~

0.5）mm。试验所用电镀液的组分见表 2-6，电镀实施条件如下：电流密度为 3～8A/dm²，温度为 30～50℃，极间距为 20～30mm，超声波功率为 120～300W，超声波频率为 20～100kHz，搅拌速度为 400r/min，pH＝0.7～0.8，时间为 2～30min。所用超声波仪器为 KQ-300VDB 和 KQ-300VDE 三频数控超声波清洗器，通过在镀槽底部施加潜水磁力搅拌器，将镀槽和磁力搅拌器置于超声波清洗器内，借助超声波的空化效应和机械扰动加强镀液对流，防止镀液底部出现白色絮状沉淀。

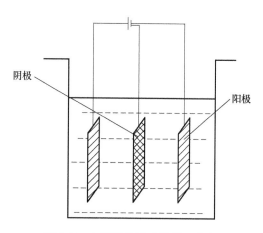

图 2-2　电镀锡的试验装置示意图

表 2-6　电镀液的组分

试 剂 名 称	用　　量
硫酸亚锡（$SnSO_4$）	180～200g/L
稀硫酸（H_2SO_4）	90～120g/L
聚乙二醇（6000）	3～5g/L
烷基醚类表面活性剂	50～60mL/L
明胶	2～3g/L
钒酸盐类抗浊剂	0.5～1.0g/L
对苯二酚	0.6～1.2g/L
甲醛（CH_2O）	60～90mL/L

（2）化学镀方法　采用酸性氯化物法在基体钎料表面化学镀锡，镀液组分见表 2-7。工艺参数：pH＝0.6～1.2，温度为 65～85℃，搅拌速度为 400～450r/min，时间为 5～30min。

（3）刷镀方法　采用 DSD-200-S 直流刷镀电源，镀液为装甲兵工程学院提供的碱性锡溶液，pH = 7.2 ~ 8.0。工艺流程如下：电净、水洗、活化、水洗、刷镀，具体工艺参数见表2-8。其中刷镀速度为 10 ~ 15m/min，镀液温度为 55 ~ 75℃，刷镀时间为 5 ~ 10min，刷镀电压为 6 ~ 10V，电流密度为 300 ~ 500A/dm^2。对基体钎料正反两面刷镀锡。

表 2-7　化学镀的镀液组分

试 剂 名 称	用　　量
氯化亚锡（SnCl$_2$）	45 ~ 50g/L
硫脲	20 ~ 25g/L
柠檬酸（CH$_4$N$_2$S）	27 ~ 30g/L
酒石酸	32 ~ 35g/L
次磷酸钠	23 ~ 28g/L
聚乙二醇（600）	20 ~ 25mL/L
对苯二酚	2.5 ~ 3.0g/L
盐酸（HCl）	80 ~ 100mL/L
光亮剂	1.0 ~ 1.5g/L

表 2-8　刷镀的工艺参数

工　艺	溶　液	极　性	电压/V
电净	1 号电净液	正向	14 ~ 16
活化	2 号活化液	反向	6 ~ 12
刷镀	碱性锡溶液	正向	6 ~ 10

采用称重法确定钎料表面镀覆锡的阴极电流效率 η（%），以镀层中孔隙所占表面积与镀层总表面积的比值计算镀层的孔隙率 k（%），取 4 个平行试样的平均值。

$$\eta = \frac{m}{m_0} \times 100\% = \frac{\rho S \delta}{\rho S \delta_0} \times 100\% = \frac{\delta}{\delta_0} \times 100\% \tag{2-1}$$

$$k = \frac{S_K}{S} \tag{2-2}$$

根据单位面积的样品质量可获得镀层厚度 δ，由单位时间的镀层厚度可计算镀层沉积速率 v（μm/h）。

$$\delta = \frac{m}{\rho S} \tag{2-3}$$

$$v = \frac{\delta}{t} \tag{2-4}$$

式（2-1）～式（2-4）中，m_0、m 分别为理论和实际镀层的质量（mg）；δ 和 δ_0 分别为实际和理论镀层厚度（μm）；ρ 为金属 Sn 的密度，为 $7.28g/cm^3$；S_K 为镀层中孔隙所占表面积；S 为金属镀层面积（cm^2）；t 为施镀时间（h）。

（4）热浸镀方法　在钢钎焊连接中，黄铜钎料具有优越的钎焊工艺性和较低的成本，钎焊接头具有较高的连接强度和良好的耐蚀性，本课题以丝状 BCu68Zn 黄铜钎料为基体材料，直径为 0.5～2.0mm，化学成分（质量分数）：Cu 67.0%～70.0%，Zn 余量，Pb≤0.03，P≤0.01，Fe≤0.10，Sb≤0.005，Bi≤0.005，杂质总和≤0.3；镀液所用 Sn 锭纯度为 99.99%。

工艺流程：BCu68Zn 黄铜钎料碱洗→酸洗→助镀处理→烘干→预热→热浸镀。

热浸镀锡的试验装置如图 2-3 所示。

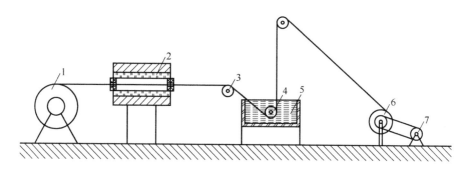

图 2-3　热浸镀锡的试验装置

1—放线轮　2—预热炉　3—导向轮　4—沉没辊　5—镀锡炉　6—收线轮　7—电动机

热浸镀锡装置主要由放线系统、预热系统、镀锡系统、收线系统 4 个部分组成。其中放线系统是由底座及带有滚动轴承的放线轮组成；预热系统由 SK2-1-10H 回转式管式电阻炉和 K7-A100 精密控温仪组成，控温精度可达到 ±1℃；镀锡系统是由 CM-600 立式锡炉、PID 调节-恒温型温度控制器、刮锡模组成，控温精度可达到 ±0.1℃，刮锡模直径为 0.50～2.05mm；收线系统是由 Y132S2-2 三相异步电动机、BWY27-23-7.5 摆线针轮减速机、FR-A740-7.5K 变频器、底座及带有滚动轴承的放线轮组成，通过改变电流的频率使驱动电动机的转速得以改变，确保试验中有不同的线速度，得到不同的浸镀时间，满足不同工艺参数的需要。

将亚稳态钎料置于真空度为 $1×10^{-2}$Pa 的真空干燥箱 DZF-6090 中，在 200℃下扩散处理 5～25h，研究扩散处理后钎料性能的变化，以期实现钎料性能的优化。

2.3.3 热扩散处理

基体钎料表面镀覆锡后，须对亚稳态钎料进行热扩散处理，使之形成化合物相，更好的调控钎料的组织、性能。采用温度梯度法对亚稳态钎料进行热扩散处理。热扩散工艺如图2-4 所示，具体实施步骤如下：

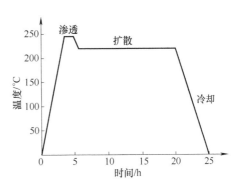

1）将亚稳态钎料在240～250℃进行快速渗透。

2）快速渗透完毕后，在180～220℃条件下的管式炉中对其扩散8～30h。

3）随炉冷却。

图 2-4 热扩散工艺

2.4 钎料及钎焊接头的性能测试

2.4.1 钎料的熔化温度试验

采用差示扫描量热法（Differential Scanning Calorimetry，DSC）分析传统钎料和亚稳态钎料的熔化温度，试样量为 10～20mg，所用仪器为德国 NETZSCH（耐驰）公司的 STA449F3 综合热分析仪。试验在 N_2 保护环境下的 Al_2O_3 坩埚内完成。根据不同 Ag 钎料的熔化温度，对钎料扫描的温度范围为 30～850℃，升温速率为 10～25℃/min，温度测量精度为 ±0.5℃。利用 Proteus 软件对扫描结果进行分析。

2.4.2 钎料的润湿性试验

根据 GB/T 11364—2008《钎料润湿性试验方法》测定钎料的润湿性。润湿试验前，先用砂纸打磨母材（尺寸为 40mm × 40mm），确保母材表面洁净、平整，然后在超声波清洗器中用金属清洗剂对母材清洗 1～3min，去除其表面的油污。将 200～500mg 试验钎料置于母材中央，使用 FB102 钎剂覆盖钎料，用 RSL-5 润湿炉加热（见图2-5），待钎料熔化后保温 30～60s，自然冷却后清洗干净。将润湿试样与参照物一同扫描入计算机，利用 CAXA2005 软件计算钎料的铺展面积。

利用 SJY 影像式烧结点试验仪观察分析钎料的润湿铺展动态过程。

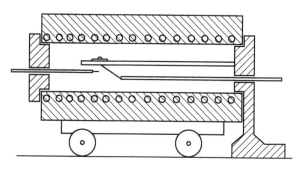

图 2-5 润湿试验装置示意图

2.4.3 钎料的成分测定方法

钎料中 Ag、Cu、Zn 的含量采用化学滴定法测定。

1. Ag 的测定方法

首先称取 200mg 试样放入锥形瓶中，加入约 15mL 硝酸加热溶解，冷却后移入 100mL 容量瓶中并定容（原液）；然后分取 10mL 原液至锥形瓶中，加入硫酸铁指示剂 3mL；最后用硫氰酸铵标准溶液进行滴定，直到溶液呈微红褐色为止，则为滴定终点。

2. Cu 的测定方法

称取 200mg 试样置于 250mL 锥形瓶中，加入硝酸溶解，并蒸发至完全溶解，定容至 100mL 容量瓶中；然后分取此液 10mL 滴加氨水至蓝色沉淀生成，加氟化氢铵 2g 至蓝色消失，加碘化钾溶液 20mL（10%）；再以硫代硫酸钠标准溶液滴定至淡黄色后，加淀粉溶液 50mL 变为蓝黑色，最后以硫代硫酸钠滴定至蓝黑色消失时，加硫氰酸铵溶液 10mL，继续滴至蓝色恰好消失为终点。

3. Zn 的测定方法

称取约 200mg 试样于 250mL 锥形瓶中，采用硝酸溶解，完全溶解冷却后定容于 100mL 容量瓶中，分取 10mL 于 250mL 锥形瓶中；然后滴加 2 滴对硝基酚，加氢氧化钠至沉淀，再加盐酸（1mL + 1mL）至沉淀消失；最后加入硫脲 15mL、2 滴溴甲酚绿、15mL 六次甲基四胺、2 ~ 3 滴二甲酚橙，用 EDTA 溶液滴定至溶液由紫色恰好变为草绿色为终点。

待 Ag、Cu、Zn 的含量确定后，剩余即为 Sn 的含量。

2.4.4 钎料和钎焊接头的力学性能试验

根据 GB/T 11363—2008《钎焊接头强度试验方法》，进行钎料、钎焊搭接

（对接）接头试样的拉伸性能试验。试验所用母材厚度为 1 ~ 3mm，连接工艺为感应或火焰钎焊，具体试样尺寸如图 2-6 所示。利用 MTS 电子万能拉力试验机进行接头拉伸试验。为保证试验数据的准确性，每种钎焊接头均测 7 个试样，去掉最大值和最小值，然后取其均值。

将钎焊接头首先用 60 号、180 号、400 号、800 号、1500 号的水砂纸打磨，然后用 1.5μm 粒度的金刚石研磨膏抛光后，根据 GB/T 4340.1—2009《金属材料 维氏硬度试验 第 1 部分：试验方法》，利用 HV-1000A 显微硬度计测试其硬度，载荷为 0.9807N，加载时间为 10s，温度为室温。每个试样在 6 个不同区域进行测试，然后取其均值。

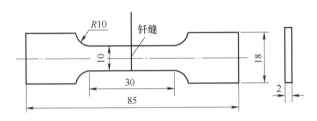

图 2-6　拉伸试样

2.4.5　钎料和钎焊接头的耐蚀性试验

1. 钎料的均匀腐蚀试验

根据 JB/T 7901—2001《金属材料实验室均匀腐蚀全浸试验方法》进行钎料耐蚀性试验，采用质量分数为 3.5% 的 NaCl 水溶液进行浸没腐蚀试验，温度为（60 ± 0.5）℃，时间为 80h，其腐蚀速率根据式（2-5）进行计算

$$v = \frac{8.76 \times 10^7 (m - m_1)}{St\rho} \tag{2-5}$$

式中，v 为腐蚀速率（mm/a）；m 为试验前的钎料质量（mg）；m_1 为试验后的钎料质量（mg）；S 为钎料被腐蚀的总面积（cm^2）；t 为腐蚀时间（h）；ρ 为材料密度（g/cm^3）。

2. 钎焊接头的晶间腐蚀试验

根据 GB/T 4334—2008《金属和合金的腐蚀 不锈钢晶间腐蚀试验方法》，对尺寸为 2cm×1cm×3mm 的钎焊接头，经打磨、抛光、清洗后，置于质量分数为 10% 的草酸水溶液中，外加 1A/cm^2 的电流密度电解腐蚀 90s，温度为 35 ~ 40℃。其中阳极为钎焊接头，阴极为 304 不锈钢（2.5cm×2cm×2mm）。试样腐蚀后，用蒸馏水清洗干净、吹干，利用扫描电子显微镜观察接头的腐蚀形貌。

3. 钎焊接头的局部腐蚀试验

利用180号、400号、800号、1500号水砂纸对1.2cm×1cm×3mm的接头试样打磨、抛光，用金属清洗剂、清水、酒精配合超声波清洗器清洗2~5min；待试样表面清洗干净后，进行干燥，然后浸入(60±0.5)℃、质量分数为3.5%的NaCl水溶液中，腐蚀1~5h后取出试样，将其表面腐蚀产物清洗干净后，借助扫描电子显微镜观察钎焊接头的腐蚀形貌。

每种样品（母材和钎缝）各取5个平行试样，腐蚀速率和平均腐蚀速率的计算方法分别为

$$v=\frac{m_{前}-m_{后}}{st} \tag{2-6}$$

$$\bar{v}=\frac{\sum_{i=1}^{5}v_i}{5} \tag{2-7}$$

式（2-6）中，v为试样的腐蚀速率（$g/m^2\cdot h$）；$m_{前}$和$m_{后}$分别为试验前、后试样的质量（mg）；s为试样被腐蚀的总面积（m^2）；t为腐蚀时间（h）。

2.5 微观测试分析

2.5.1 金相显微镜分析

采用金相显微镜对试样进行宏观组织分析，金相试样的制备过程如下：

（1）取样　选取不同的钎料和接头样品，利用线切割切取试样，避免试样变形。

（2）镶嵌　采用义齿基树脂粉（Ⅱ型，自凝牙托粉，2~3.5g）和义齿基树脂水（Ⅱ型，自凝牙托水，2~6mL）镶嵌试样，冷凝30~40min后进行标记。

（3）打磨　从粗到细对试样打磨，磨样时磨面与砂纸保持完全接触，朝同一方向打磨，所施压力须均匀。

（4）抛光　除去磨面上的细微划痕，采用1.5μm粒度的金刚石研磨膏对试样抛光。

（5）腐蚀　采用体积分数为3%的$FeCl_3$腐蚀液进行腐蚀。采用蘸足浸蚀液的脱脂棉擦拭抛光面，浸蚀时间为1~5s，待光亮的表面失去光泽后，立即用清水冲洗，再用酒精漂洗，超声波水洗2~3min，最后吹干。利用ZEISS Axio Lab. A1金相显微镜观察试样。

2.5.2　扫描电子显微镜分析

利用扫描电子显微镜（Scanning Electron Microscope，SEM）中的背散射电子像（BEI）和二次电子像（SEI）观察镀覆层、钎料及钎焊接头的显微组织及拉伸断口形貌。试验采用捷克 MIRA3 TESCAN 型、日本 JSM-7500F 型场发射扫描电子显微镜对试样进行观察。

利用 JSM-7500F 型 SEM 自带的 Oxford INCA-Penta FET-X3 型能谱仪（Energy Dispersive Spectrometer，EDS）分析钎料和钎焊接头的微区成分。

2.5.3　X 射线衍射分析

利用 X 射线衍射仪（X-Ray Diffraction，XRD）分析钎料和钎焊接头组织的物相，采用德国 Bruker D8-FOCUS 型 XRD 对试样进行物相分析。试验条件如下：LynxEye 半导体阵列探测器，靶材为 Cu-Kα，工作电压为 40kV，电流为 35mA，扫描速度为 1.0°/min，对钎料和接头组织扫描角度范围为 20 ~ 100°。使用 Jade 5.0 软件对试验结果进行分析，并对照 PDF 卡片验证结果。

2.5.4　原子力显微镜分析

原子力显微镜（Atomic Force Microscope，AFM）主要用于测量物质的表面形貌、表面电势、摩擦力、黏弹力和 I/V 曲线等表面性能。试验利用德国 Bruker（布鲁克）公司的 Dimension FastScan 型原子力显微镜在 AFM 工作模式下对钎料、亚稳态钎料界面、钎焊接头的形貌进行观察。

2.6　本章小结

本章主要给出了亚稳态钎料的定义，详细介绍了本书亚稳态钎料的制备方法、工艺流程、熔化温度、润湿特性、微观组织分析检测及相关力学性能、腐蚀性能，为后面阐述、揭示亚稳态钎料的相关机理奠定了很好的基础。

第 **3** 章

镀覆方法制备亚稳态钎料

金属锡镀层有无毒、易焊接、导电性好、晶粒细小、光泽度高、钎焊性好等特性，具有广阔的应用前景。国内外关于电镀锡、化学镀锡的研究报道较多，主要是以铜板为基体。电镀锡工艺主要研究添加剂、主盐浓度、电流等工艺参数对锡电镀层性能的影响，化学镀锡工艺多是研究镀液组分对镀层厚度、沉积速率、表面形貌等的影响规律。刷镀锡工艺研究报道很少，仅有轴瓦表面预刷镀锡然后浇注巴氏合金，以保证轴瓦和巴氏合金结合强度的研究。但是，以银基钎料为基材，采用镀覆技术在其表面镀覆锡，经热扩散处理，制备低 Ag、高Sn（质量分数）的亚稳态 AgCuZnSn 钎料，目前国内外焊接学术界、产业界还鲜见报道。

本章首先以 BAg50CuZn 钎料为基体，开展钎料表面电镀锡工艺优化研究。其次以 BAg45CuZn 钎料为基体，在钎料表面化学镀锡，探讨工艺参数对钎料表面锡镀层形貌、沉积速率及亚稳态钎料中 Sn 含量的影响，优化化学镀锡制备亚稳态钎料的工艺。最后以 BAg34CuZnSn 钎料（Sn 的含量为 3.5%）为基体，在其表面刷镀锡，制备亚稳态钎料。探讨电流密度、刷镀速度（阴、阳极相对运动速度）、镀液温度、刷镀电压、施镀时间对阴极电流速率和亚稳态钎料中 Sn 含量（这里是指刷镀—热扩散进钎料中 Sn 含量与基体钎料中 Sn 含量的总和）的影响规律，并考察锡镀层的表面形貌。

3.1 电镀锡的制备工艺优化

3.1.1 正交试验

在施镀时间为 7.5min 的前提下，以阴极电流效率 η、亚稳态钎料中 Sn 的质量分数 w（%）作为评价指标，对电流密度（A/dm²）、镀液温度（B/℃）、极间距（C/mm）、超声波功率（D/W）和超声波频率（E/kHz）5个因素进行正交优选，每个因素取4个水平（见表3-1所示），采用$L_{16}(4^5)$正交试验进行优选。

表 3-1 正交试验因素水平

水 平	因 素				
	电流密度 A	镀液温度 B	极间距 C	超声波功率 D	超声波频率 E
1	3	38	18	120	24
2	4	40	20	180	30
3	5	42	22	240	45
4	6	45	24	300	80

正交试验的结果见表3-2，其中K、R是以阴极电流效率为评价指标时正交因素j对应水平i试验数据和的均值和极差，K'、R'是以Sn含量为评价指标时正交因素j对应水平i试验数据和的均值和极差，这里$i=1$，2，3，4；j为A，B，C，D，E。

表 3-2 $L_{16}(4^5)$ 正交试验的结果

水 平	因 素					电流效率（%）	Sn 的质量分数（%）
	A	B	C	D	E		
1	3	38	18	120	24	60.62	6.47
2	3	40	20	180	30	63.18	6.05
3	3	42	22	240	45	68.54	7.17
4	3	45	24	300	80	61.36	5.64
5	4	38	20	240	80	63.35	6.39
6	4	40	18	300	45	67.82	6.45
7	4	42	24	120	30	66.94	6.06
8	4	45	22	180	24	70.15	7.23
9	5	38	22	300	30	67.91	6.02
10	5	40	24	240	24	64.28	7.19
11	5	42	18	180	80	68.03	6.13
12	5	45	20	120	45	66.47	6.46
13	6	38	24	180	45	64.58	5.65
14	6	40	22	120	80	63.37	6.24

（续）

水　平	因　素					电流效率（%）	Sn 的质量分数（%）
	A	B	C	D	E		
15	6	42	20	300	24	62.92	6.41
16	6	45	18	240	30	60.56	6.08
K1	63.425	64.115	63.1	65.5425	64.4575	—	—
K2	67.065	64.6625	64.2975	65.2925	63.78	—	—
K3	66.6725	66.6075	65.4325	66.2075	66.8875	—	—
K4	62.85	64.635	65.4475	62.9775	64.895	—	—
R	4.215	2.4925	2.1475	3.23	3.1075	—	—
K1′	6.34	6.1325	6.2825	6.3075	6.82	—	—
K2′	6.5275	6.4825	6.3275	6.26	6.0525	—	—
K3′	6.45	6.4425	6.66	6.7075	6.4325	—	—
K4′	6.095	6.3475	6.135	6.13	6.1	—	—
R′	0.4325	0.35	0.425	0.6475	0.72	—	—

由表 3-2 可知：随着极间距逐渐增大，体系电流效率逐渐升高；随着电流密度、超声波功率、镀液温度、超声波频率 4 个参数中的 1 个上升时，体系电流效率先升高后降低。随着超声波频率逐渐升高，钎料中 Sn 含量的整体变化趋势为逐渐降低；而其余 4 个参数增大时，钎料中 Sn 含量均先升高后降低。

以阴极电流效率为评价指标时，各因素对阴极电流效率影响的大小顺序为 A > D > E > B > C，此时最优方案为 A2B3C4D3E3，即电流密度为 4A/dm²，镀液温度为 42℃，极间距为 24mm，超声波功率为 240W，超声波频率为 45kHz。

以亚稳态钎料中 Sn 含量为评价指标时，各因素对阴极电流效率影响的大小顺序为 E > D > A > C > B，此时最优方案为 A2B2C3D3E1，即最佳工艺参数为电流密度为 4A/dm²，温度为 40℃，极间距为 22mm，超声波功率为 240W，超声波频率为 24kHz。以上正交试验结果表明，两种不同评价指标优选的工艺参数中，除电流密度和超声波功率相同外，其他 3 个参数均不相同。下面以钎料润湿性为评价指标，在电流密度为 4A/dm² 和超声波频率为 240W 的条件下对其余 3 个试验参数进行优选，结果见表 3-3，表中 S_R 代表亚稳态钎料的润湿面积（mm²）。根据钎料润湿面积的大小，可知最佳电镀工艺为：电流密度为 4A/dm²，温度为 40℃，极间距为 22mm，超声波功率为 240W，超声波频率为 45kHz。

表 3-3　不同条件下钎料的润湿性对比

序　　号	A	B	C	D	E	S_R
1	4	40	22	240	24	472
2	4	40	22	240	45	481
3	4	40	24	240	24	456
4	4	40	24	240	45	463
5	4	42	22	240	24	474
6	4	42	22	240	45	449
7	4	42	24	240	24	465
8	4	42	24	240	45	458

3.1.2　综合性能

采用上述最佳工艺电镀锡后，BAg50CuZn 基体钎料表面锡电镀层的 SEM 表面形貌、钎料与镀层的界面形貌及 XRD 谱图结果如图 3-1 所示。

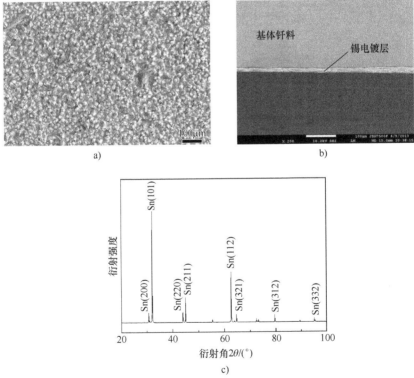

图 3-1　锡电镀层的 SEM 表面形貌、钎料与镀层的界面形貌及 XRD 谱图

a）SEM 表面形貌　b）钎料与镀层的界面形貌　c）XRD 谱图

由图 3-1 可看出，锡电镀层表面平整，组织均匀，无气孔、夹杂等缺欠，钎料与 Sn 电镀层结合紧密。说明钎料表面电镀锡，经低温热扩散处理后，可有效细化钎料与 Sn 电镀层界面的晶粒，减小锡电镀层与基体钎料的内应力，提高锡电镀层与基体钎料的结合力，使得钎料与电镀层结合致密、无缺欠出现。锡电镀层结晶晶粒呈现明显的 <101>、<112>、<211> 结晶取向，此时阴极电流效率为 68.72%。这是因为在电流一定的条件下，镀液温度越高，超声波搅拌作用越强，可提高体系电流效率，使得镀液分散得更均匀，而超声波的机械扰动和空化效应会加速镀液的对流，使得电镀时阴极表面的金属离子迅速得到补充，降低浓差极化；同时能细化镀层晶粒，减小镀层与基体钎料的内应力，提高基体钎料与锡电镀层的表面平整度。最佳工艺电镀锡后，亚稳态钎料在 316LN 不锈钢表面的润湿面积为 481mm^2，与相同 Sn 含量的传统钎料的润湿性（442mm^2）相比，钎料润湿性得到显著提高，这是因为金属 Sn 熔点低，电镀—热扩散工艺添加高锡（质量分数）后降低了亚稳态钎料的熔化温度，改善了其润湿性。最佳电镀—热扩散工艺制备的亚稳态钎料中 Sn 的质量分数为 7.22%。

3.2 化学镀锡的制备工艺优化

3.2.1 镀液温度

镀液温度对锡镀层沉积速率和亚稳态钎料中 Sn 含量（质量分数）的影响规律如图 3-2 所示。当镀液温度为 65℃ 时，锡镀层沉积速率最慢（5.9μm/h），此时亚稳态钎料中 Sn 含量最低（质量分数为 1.02%）。随着镀液温度升高，锡镀层沉积速率和钎料中 Sn 含量均先升高后降低，在镀液温度为 75℃ 时，锡镀层沉积速率最快，钎料中 Sn 含量最高，分别为 13.66μm/h 和 2.5%，且此时钎料表面锡镀覆层光亮、平整、致密。

这是因为当镀液温度低于 70℃ 时，被络合的 Sn^{2+} 无法获得足够的能量，Sn^{2+} 不能解离或者解离的量很少，故锡镀层沉积速率和钎料中 Sn 含量较低。当镀液温度高于 75℃ 时，Sn^{2+} 容易被氧化，镀液出现白色浑浊现象，稳定性较差。此外，高温条件下镀液中还原的 Sn^{2+} 数量增多，但未全部在基体钎料表面沉积，此时锡镀层很薄，使得亚稳态钎料中 Sn 含量下降很快。

同时，随着镀液温度逐渐升高，沉积的镀层中 Sn 的晶粒尺寸增大，其生长优势更加明显，但高温环境中置换反应、自催化沉积反应的速度较慢，不利于 Sn 原子的连续堆积、生长。所以，Sn 原子的整体生长速度缓慢，使得亚稳态钎料中 Sn 含量降低。综合考虑，镀液温度宜选 70~75℃。

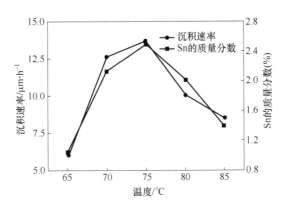

图 3-2　镀液温度对锡镀层沉积速率和亚稳态钎料中
Sn 含量（质量分数）的影响规律

3.2.2　施镀时间

施镀时间对锡镀层沉积速率和亚稳态钎料中 Sn 含量（质量分数）的影响规律如图 3-3 所示。随着施镀时间延长，沉积速率先逐渐加快，后迅速减慢，而 Sn 含量呈逐渐升高的趋势。当施镀时间为 25min 时，沉积速率最快，为 13.66μm/h。延长施镀时间，镀液中 $SnCl_2$ 等反应物浓度降低，反应物料平衡和镀液动态平衡被破坏，镀液稳定性较差，因此，镀层沉积速率快速降低。当施镀时间延长至 30min 时，镀层沉积速率降至 10.1μm/h，但此时亚稳态钎料中 Sn 的质量分数最高，为 2.5%。根据以上分析，施镀时间优选 25~30min。

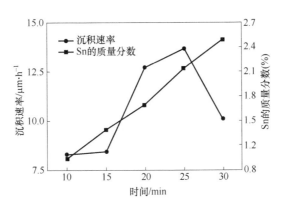

图 3-3　施镀时间对锡镀层沉积速率和亚稳态钎料中
Sn 含量（质量分数）的影响规律

3.2.3　pH

镀液 pH 对锡镀层沉积速率和亚稳态钎料中 Sn 含量（质量分数）的影响规律如图 3-4 所示。镀液 pH 对镀层沉积速率和钎料中 Sn 含量的影响规律基本相同，随着镀液 pH 增大，二者均呈现先升高后降低的趋势。

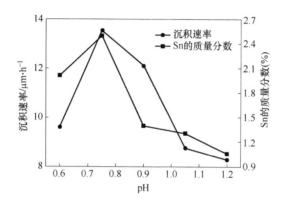

图 3-4　pH 对锡镀层沉积速率和亚稳态钎料中
Sn 含量（质量分数）的影响规律

在镀液 pH = 0.75 时，镀层沉积速率和钎料中 Sn 含量均达到峰值，此时锡镀层表面平整、光亮；在镀液 pH < 0.75 时，镀液呈强酸性，低 pH 有利于抑制 Sn^{2+} 水解，促进 Sn^{2+} 在 BAg45CuZn 钎料表面发生置换反应，提高镀液的稳定性，使得亚稳态钎料中 Sn 含量迅速升高。所以，随着镀液 pH 增大，镀层沉积速率加快，亚稳态钎料中 Sn 含量升高。当镀液 pH > 0.75 时，镀液中置换反应、自催化沉积反应速度下降，锡镀层的沉积速率减缓，此时亚稳态钎料中 Sn 含量随之降低；当镀液 pH = 1.2 时，钎料中 Sn 含量降至最低（质量分数为 1.04%），镀液稳定性较差，出现白色浑浊现象，使得锡镀层表面存在粗糙、麻点等缺欠。综合考虑，pH 宜选 0.7 ~ 0.75。

结合以上分析，并考虑到钎料大规模产业化的需要，优选最佳镀锡工艺如下：镀液温度为 75℃，镀液 pH = 0.75，施镀时间为 25min。采用上述最佳工艺在 BAg45CuZn 基体钎料表面化学镀锡后，锡镀层的 XRD 谱图、SEM 表面形貌及界面形貌如图 3-5 所示。

根据图 3-5，钎料表面锡镀层的结晶晶粒呈现明显的 <110>、<210> 择优取向，锡镀层表面光滑、平整，组织均匀、致密度高，基体钎料与锡镀层结合紧密。说明钎料表面化学镀锡，经热扩散处理后，可有效细化基体钎料与镀层界面晶粒，减小镀层与基体钎料的内应力，提高锡镀层与基体钎料的结合度，使得基体钎料与锡镀层结合致密、无缺欠出现。最佳化学镀—热扩散工艺制备的亚稳态钎料中 Sn 的质量分数为 2.5%。

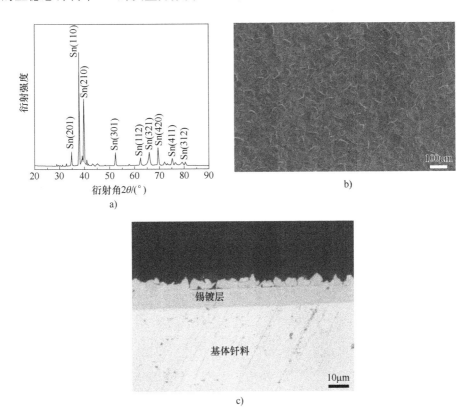

图 3-5　锡镀层的 XRD 谱图、SEM 表面形貌及界面形貌

a）XRD 谱图　b）SEM 表面形貌　c）界面形貌

3.3　刷镀锡的制备工艺优化

3.3.1　电流密度

在镀液温度为 65℃，刷镀速度为 12m/min，时间为 10min，刷镀电压为 8V 时，电流密度对阴极电流效率和亚稳态钎料中 Sn 含量（质量分数）的影响规律如图 3-6 所示。在电流密度为 300～350A/dm² 时，随着电流密度增大，钎料中 Sn 含量升高，在电流密度为 350A/dm² 时，Sn 的质量分数达到峰值 6.4%。这是因为开始时刷镀速度慢、镀液温度低，镀层沉积速率较慢，钎料中 Sn 含量

较低；随着镀液温度升高、刷镀速度加快，钎料中Sn含量升高。当电流密度大于350A/dm²后，钎料中Sn含量逐渐降低；在电流密度大于450A/dm²时，钎料中Sn含量持续下降，速率有所减缓。这说明大电流密度在一定程度上可加快金属Sn的沉积，但Sn^{2+}被传输到阴极附近并嵌入镀层的速度，比Sn的沉积速率滞后，使得亚稳态钎料中Sn含量降低。在电流密度为300～350A/dm²时，随着电流密度增大，阴极电流效率升高，在电流密度为350A/dm²时，阴极电流效率最高达76.2%。当电流密度超过350A/dm²后，阴极电流效率逐渐降低。原因在于溶液碱性强，沉积的锡镀层被部分溶解，小电流密度镀覆时沉积速率慢，溶解失重较多，因此阴极电流效率低；大电流密度实施刷镀时，沉积速率快，溶解失重相对少，故阴极电流效率高。继续增大电流密度时，镀液中金属Sn^{2+}相对不足，获得的镀层表面有暗黑烧伤，使得阴极电流效率大幅降低。当电流密度处于340～360A/dm²时，亚稳态钎料中Sn的质量分数可控制在6.1%～6.4%。

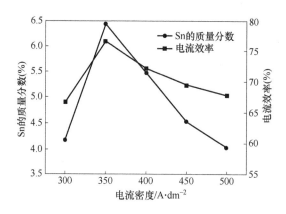

图3-6　电流密度对阴极电流效率和亚稳态钎料中Sn含量（质量分数）的影响规律

3.3.2　刷镀速度

在电流密度为350A/dm²，刷镀电压为8V，镀液温度为65℃，施镀时间为10min时，刷镀速度对阴极电流效率和亚稳态钎料中Sn含量（质量分数）的影响规律如图3-7所示。在刷镀速度介于11～12m/min时，随着刷镀速度加快，钎料中Sn含量逐渐升高，当刷镀速度为12m/min时，钎料中Sn的质量分数最高，为6.4%；但在刷镀速度超过12m/min后，钎料中Sn含量快速降低，在刷镀速度超过13m/min后，钎料中Sn含量下降更快。当刷镀速度为15m/min时，钎料中Sn含量降至最低（质量分数为4.02%）。在刷镀速度为11m/min时，阴极电流效率最高达77.6%。随着刷镀速度加快，阴极电流效率近似呈线性降低，当刷镀速度为 15m/min 时，阴极电流效率最低，为 67.3%。原因在于刷镀速度慢，镀覆电流大，镀液中 Sn^{2+} 供应相对不足，镀层表面容易出现烧伤、多孔、粗糙等缺欠，镀层质量较差，亚稳态钎料中 Sn 含量较低；刷镀速度过快时，阴极电流效率大幅度下降，甚至无镀层。因此，刷镀速度存在一最佳值，当刷镀速度高于最佳值时，应升高刷镀电压和电流；当刷镀速度低于最佳值时，应降低刷镀电压和电流。试验中最佳的刷镀速度为 12 ~ 13m/min。

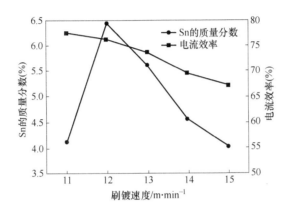

图 3-7　刷镀速度对阴极电流效率和亚稳态钎料中
Sn 含量（质量分数）的影响规律

3.3.3　刷镀电压

在电流密度为 350A/dm² ，刷镀速度为 12m/min，镀液温度为 65℃ ，施镀时间为 10min 时，刷镀电压对阴极电流效率和亚稳态钎料中 Sn 含量（质量分数）的影响规律如图 3-8 所示。在刷镀电压为 6 ~ 8V 时，钎料中 Sn 含量逐渐升高，特别当刷镀电压超过 7V 之后，钎料中 Sn 含量迅速升高，在刷镀电压为 8V 时，钎料中 Sn 的质量分数最高达 6.4%。然而刷镀电压高于 8V 后，钎料中 Sn 含量逐渐降低；当刷镀电压为 10V 时，钎料中 Sn 的质量分数最低，为 4.03%。随着刷镀电压变化，阴极电流效率介于 66.1% ~ 76.2% 之间，呈现先升高后降低趋势。当刷镀电压为 6 ~ 8V 时，随着电压升高阴极电流效率逐渐升高，当刷镀电压为 8V 时，阴极电流效率最高；在刷镀电压高于 8V 后，阴极电流效率逐渐降低，在刷镀电压为 10V 时，阴极电流效率降至 69.7%。

原因在于：低电压实施刷镀时，镀层沉积速率慢，阴极极化作用弱，镀层性能较差。因此，用 6V 电压进行刷镀时，亚稳态钎料中 Sn 含量和阴极电流效率低。随着刷镀电压增高，体系电流增大，镀层沉积速率加快，阴极极化作用增强，所以可获得晶粒细小的锡镀层，显著改善镀层性能，此时阴极电流效率和亚稳态钎料中 Sn 含量逐渐升高，且出现峰值，分别为 6.4% 和 76.2%。但若刷镀电压过高，BAg34CuZnSn 基体钎料附近 Sn^{2+} 严重匮乏，即镀液中 Sn^{2+} 供应相对不足，产生析 H_2 现象，镀层表面出现多孔、发脆、粗糙等缺欠，使得亚稳态钎料中 Sn 含量和阴极电流效率降低。故刷镀电压宜选 7~8V。

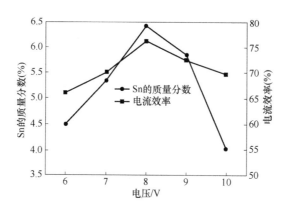

图 3-8　刷镀电压对阴极电流效率和亚稳态钎料中 Sn 含量（质量分数）的影响规律

3.3.4　施镀时间

在电流密度为 $350A/dm^2$，镀液温度为 65℃，刷镀速度为 12m/min，刷镀电压为 8V 时，施镀时间对阴极电流效率和亚稳态钎料中 Sn 含量（质量分数）的影响规律见图 3-9。随着镀覆时间延长，亚稳态钎料中 Sn 含量逐渐升高。在刷镀时间为 6min 时，钎料中 Sn 含量降至最低（质量分数为 4.03%）；当刷镀时间为 10min 时，亚稳态钎料中 Sn 含量升至最高（质量分数为 6.4%）。

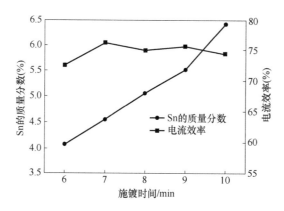

图 3-9　施镀时间对阴极电流效率和亚稳态钎料中 Sn 含量（质量分数）的影响规律

根据图 3-9 可知，延长镀覆时间，基体钎料表面镀覆层的沉积速率加快，锡镀层厚度增加，因此钎料中 Sn 含量升高。亚稳态钎料中 Sn 含量和刷镀时间呈现正相关，这表明本试验刷镀工艺好、锡镀层几乎无杂质，基体钎料表面锡镀层快速堆积生长。而刷镀时间对阴极电流效率的影响较小，当刷镀时间介于 6～10min 时，此阶段阴极电流效率分别为 72.6%、76.2%、75.1%、75.6%、74.5%，几乎无明显变化，说明本试验所采用的工艺参数稳定，对阴极电流效率无显著影响。

3.3.5　镀液温度

在施镀时间为 10min，电流密度为 350A/dm²，刷镀速度为 12m/min，刷镀电压为 8V 时，镀液温度对阴极电流效率和亚稳态钎料中 Sn 含量（质量分数）的影响规律如图 3-10 所示。随着镀液温度升高，亚稳态钎料中 Sn 含量呈现先升高后降低的趋势。在镀液温度介于 55～60℃ 时，钎料中 Sn 含量和阴极电流效率均升高，当镀液温度为 60℃ 时，亚稳态钎料中 Sn 含量最高（质量分数为 6.4%）。当镀液温度高于 60℃ 后，钎料中 Sn 含量迅速降低。在镀液温度为 75℃ 时，亚稳态钎料中 Sn 含量最低（质量分数为 4.04%）。

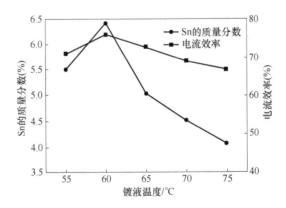

图 3-10　镀液温度对阴极电流效率和亚稳态钎料中 Sn 含量（质量分数）的影响规律

随着镀液温度升高，阴极电流效率呈现先升高后降低的趋势，其值在 66.8%～76.2% 之间。当镀液温度介于 55～60℃ 之间时，阴极电流效率逐渐升高，当镀液温度为 60℃ 时，阴极电流效率最高达 76.2%；当镀液温度高于 60℃ 后，阴极电流效率开始降低，在镀液温度为 75℃ 时，阴极电流效率最低（66.8%）。原因在于镀液温度对锡镀层沉积速率的影响较大，当镀液温度不超过 60℃ 时，刷镀实施允许最大电流密度小，镀层表面出现发暗、斑点缺欠，钎料中 Sn 含量低，阴极电流利用效率低。随着镀液温度逐渐升高，刷镀实施允许最大电流密度增大，Sn^{2+} 的活度提高，镀层沉积速率加快，锡镀层表面光滑、平整、致密，阴极电流效率和亚稳态钎料中 Sn 含量升高。但是，镀液温度过高时，镀液对锡镀层的化学溶解速度加快，使得阴极电流效率迅速下降。另外，镀液蒸发太快，耗能过高，不利于节能减排。故镀液温度宜选 60~65℃。

3.3.6 镀层形貌

根据 3.3.1~3.3.5 可知，BAg34CuZnSn 钎料表面刷镀锡的最佳工艺为：刷镀电压为 8V，电流密度为 350A/dm^2，刷镀速度为 12m/min，镀液温度为 65℃，施镀时间为 10min。最佳刷镀—热扩散工艺制备的亚稳态钎料中 Sn 的质量分数为 6.4%。刷镀锡后，钎料表面锡镀层的表面形貌如图 3-11 所示。平行于基体的钎料刷镀 Sn 后，钎料表面锡镀层平整、光亮，孔隙率小，镀层更加致密、晶粒更细小，没有出现明显缺欠。说明在平行于基体的钎料表面刷镀锡，可减小镀层与基体的内应力，提高 Sn 镀层与基体钎料的结合力和表面平整度。基体钎料表面刷镀锡后，锡刷镀层的 XRD 谱图如图 3-12 所示。基体钎料表面刷镀锡后，锡镀层结晶晶粒呈现明显的 <200>、<112> 择优取向。

图 3-11　钎料表面锡镀层的表面形貌

根据 3.1~3.3 节中的分析结果可知，最佳电镀、化学镀及刷镀—热扩散工艺制备的亚稳态钎料中 Sn 的质量分数分别为 7.2%、2.5%、6.4%。但为了突破传统熔炼合金化的极限（5.5%），应采用电镀或刷镀—热扩散工艺为宜。

亚稳态钎料中 Sn 的质量分数与单面锡镀层的厚度数据见表 3-4。即亚稳态钎料中 Sn 的质量分数分别为 2.5%、4.0%、4.5%、4.8%、5.0%、5.5%、5.6%、6.0%、6.4%、7.2% 时，对应单面锡镀层的厚度分别为 2.85μm、4.89μm、5.57μm、6.03μm、6.24μm、6.92μm、7.05μm、7.66μm、8.14μm、9.13μm。这里所述锡镀层厚度是指最佳热扩散工艺条件下可完全扩散进钎料中的厚度。

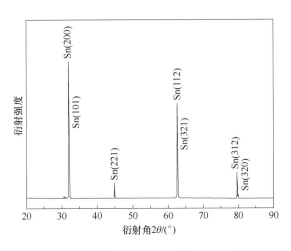

图 3-12　锡刷镀层的 XRD 谱图

表 3-4　亚稳态钎料中 Sn 的质量分数与单面锡镀层的厚度数据

| 镀层厚度 $d/\mu m$ | 2.85 | 4.89 | 5.57 | 6.03 | 6.24 | 6.92 | 7.05 | 7.66 | 8.14 | 9.13 |
| Sn 的质量分数（%） | 2.5 | 4.0 | 4.5 | 4.8 | 5.0 | 5.5 | 5.6 | 6.0 | 6.4 | 7.2 |

　　采用最小二乘法借助 Origin 软件对表 3-4 中的数据进行线性拟合，如图 3-13 所示。可得到镀层厚度 d 与亚稳态钎料中 Sn 的质量分数 w_{Sn} 的关系，即：$w_{Sn} = 0.74062d + 0.37935$。在最佳热扩散工艺条件下，随着锡镀层厚度逐渐增加，亚稳态钎料中 Sn 含量逐渐升高。

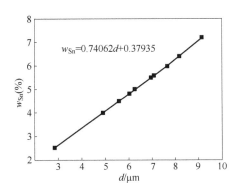

图 3-13　镀层厚度与亚稳态钎料中 Sn 的质量分数的关系

　　因此，可以采用 3.1～3.3 节中的电流密度、镀液温度、极间距、施镀时间等多参数协同控制锡镀层厚度，通过镀层厚度调控亚稳态钎料中的 Sn 含量，优化镀覆—热扩散组合工艺。

3.4　本章小结

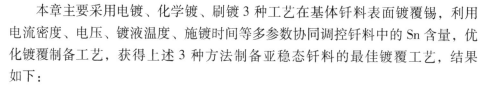

本章主要采用电镀、化学镀、刷镀 3 种工艺在基体钎料表面镀覆锡，利用电流密度、电压、镀液温度、施镀时间等多参数协同调控钎料中的 Sn 含量，优化镀覆制备工艺，获得上述 3 种方法制备亚稳态钎料的最佳镀覆工艺，结果如下：

1）BAg50CuZn 钎料表面电镀锡的最佳工艺为：电流密度为 4A/dm^2，温度为 40℃，极间距为 22mm，超声波功率为 240W，超声波频率为 45kHz，施镀时间为 7.5min。

2）BAg45CuZn 钎料表面化学镀锡的最佳条件为：工作温度为 75℃，pH = 0.75，施镀时间为 25min。

3）BAg34CuZnSn 钎料表面刷镀锡的最佳工艺为：刷镀电压为 8V，电流密度为 350A/dm^2，刷镀速度为 12m/min，镀液温度为 65℃，施镀时间为 10min。

4）上述最佳电镀、化学镀及刷镀—热扩散工艺制备的亚稳态钎料中 Sn 的质量分数分别为 7.2%、2.5%、6.4%。

第 **4** 章

亚稳态钎料的扩散机制

扩散是物质的传输形式之一，通过固体中原子或分子的相对位移实现，在晶体点阵内，任何原子或分子从一个位置移到另一个位置，须克服一定的位垒同时获得相应的空缺位置即可实现。

扩散需满足以下条件：

1）由热运动获得可越过位垒的能量。在扩散过程中，原子从初始平衡位置跳跃至新的平衡位置所需越过的能垒值为原子的扩散激活能。

2）晶体中存在空位或其他缺欠。第 3 章对亚稳态钎料的镀覆制备工艺进行优化，获得了 3 种镀覆方法制备亚稳态钎料的最佳工艺。但是亚稳态钎料需要扩散处理，使得锡镀覆层扩散进钎料中，提高钎料中的 Sn 含量，改善钎料的钎焊工艺性。因此，研究亚稳态钎料的扩散工艺和扩散机制是制备亚稳态钎料的关键。

本章对亚稳态钎料的热扩散工艺和扩散过渡区形成机制进行研究。首先开展基于扩散工艺的钎料性能优化，主要研究扩散过渡区组织、扩散参数对钎料熔化温度的影响，分析扩散过渡区的物相，研究钎料中 Sn 含量的扩散极限，获得最佳热扩散工艺、扩散过渡区组织和物相组成、制备的亚稳态钎料中 Sn 含量的扩散极限，以及找到过渡区化合物产生的原因；其次揭示扩散过渡区的形成机制，分析不同反应阶段过渡区的变化规律；最后建立 Sn 原子在亚稳态钎料扩散过渡区的生长模型，进行数值分析，获得扩散过渡区生长的本构方程，揭示扩散过渡区厚度与扩散温度、扩散时间的变化规律。本章的研究结果，对于后续优化亚稳态钎料的性能、研究亚稳态钎料的钎焊接头组织和性能，具有重要的理论意义。

4.1 基于扩散工艺的钎料性能优化

4.1.1 扩散过渡区组织

图 4-1 所示为镀态及热扩散 24h 后，不同亚稳态钎料的过渡区组织。图 4-2

所示为扩散温度对亚稳态钎料扩散过渡区厚度的影响规律。镀态时，界面没有形成可观察到的扩散层，锡镀层与 BAg50CuZn 基体钎料只是通过原子键结合在一起；经 180℃、24h 热扩散处理后，亚稳态钎料界面区域出现一条亮带，说明此时扩散过渡区已形成，厚度很窄，约 4.1μm；继续升高扩散温度，经 200℃、24h 热扩散后，镀层与基体钎料扩散过渡区增厚，在光学显微镜下测得其厚度为 7.2μm；当扩散温度升至 220℃，经 24h 热扩散后，扩散过渡区厚度增至 9.1μm。

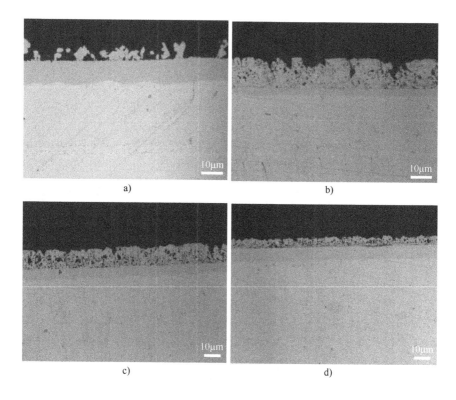

图 4-1　不同亚稳态钎料的过渡区组织

a）镀态　b）180℃　c）200℃　d）220℃

　　主要原因是：热扩散加快了 Sn 原子的扩散速度，使得 Sn 在钎料中的浓度升高，亚稳态钎料扩散过渡区厚度增加。结果表明：继续增加钎料表面锡镀层的厚度，经 220℃热扩散 24～30h 后，亚稳态钎料中 Sn 含量基本保持不变。经检测发现，亚稳态钎料中 Sn 的质量分数为 7.21%～7.23%，与 3.1 节亚稳态钎料中 Sn 的质量分数为 7.22%吻合。故认为亚稳态钎料中 Sn 的质量分数的扩散极限为 7.2%，比熔炼合金化方法提高近 31%。

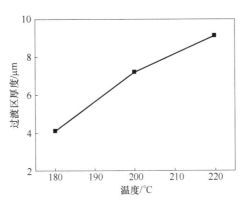

图 4-2　扩散温度对亚稳态钎料扩散过渡区厚度的影响规律

　　不同扩散温度条件下，SEM 观察的亚稳态钎料的扩散过渡区组织及 EDS（X 射线能谱分析）分析如图 4-3 和图 4-4 所示。EDS 分析表明，锡镀层与基体钎料扩散过渡区主要为 AgSn、CuSn 化合物相。经 180 ～ 220℃热扩散 24h 后，部分 Sn 原子经热扩散进入基体钎料中，在靠近基体钎料一侧的扩散过渡区发生反应形成 CuSn、AgSn 金属间化合物，由于界面化合物存在固溶度极限，故 Sn 扩散进入基体钎料存在扩散极限。

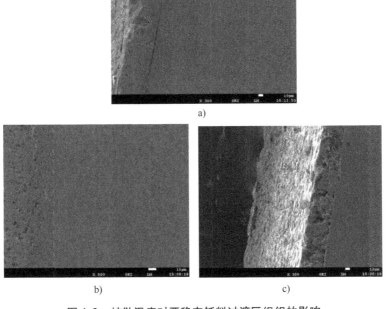

图 4-3　扩散温度对亚稳态钎料过渡区组织的影响

a）180℃　　b）200℃　　c）220℃

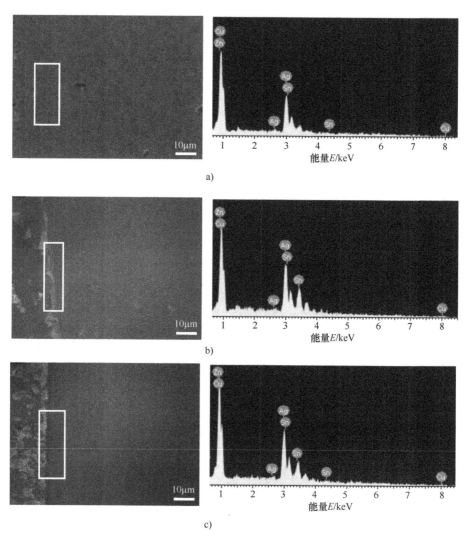

图4-4 亚稳态钎料过渡区的 EDS 分析

a）180℃ b）200℃ c）220℃

为进一步验证扩散过渡区的物相组成，对亚稳态钎料的过渡区进行 EDS 分析，如图4-4 所示和见表4-1。根据 Cu-Zn、Ag-Sn、Sn-Zn 二元合金相图，在扩散温度低于230℃时，Cu-Sn 界面发生反应，在 Sn 的质量分数为60.3%时出现 CuSn 化合物相，但 CuSn 化合物相生长趋势较弱；Ag-Sn 界面存在 β-Sn 固溶体和 AgSn 化合物，Sn-Zn 界面不形成中间相的共晶类型，在温度为198.5℃及Sn 的质量分数为91.2%时形成共晶体。故在亚稳态钎料的扩散过渡区，主要存在 AgSn 化合物、CuSn 化合物。根据图4-4 和表4-1 可知，随着 Sn 含量逐渐升高，亚稳态钎料中的 Cu 含量和 Ag 含量慢慢降低，在亚稳态钎料的扩散过渡区，

Sn 与 Cu、Ag 经热扩散处理形成 Cu_3Sn 和 Ag_3Sn 化合物相。由于亚稳态钎料界面扩散反应的微观不均匀性，导致扩散过渡区形成某些复杂的亚稳态结构相。

表 4-1　图 4-4 的 EDS 分析结果

分 图 号	元素的质量分数（%）				可能化合物相
	Ag	Cu	Zn	Sn	
a	47.52	32.37	15.24	4.87	Ag_3Sn、Cu_3Sn
b	46.86	32.19	14.82	6.13	Ag_3Sn、Cu_3Sn
c	46.24	31.98	14.33	7.45	Ag_3Sn、Cu_3Sn

图 4-4 对应的扩散温度对亚稳态钎料中 Sn 的面扫描分布图的影响，如图 4-5 所示。在扩散时间为 24h 的条件下，随着扩散温度升高，亚稳态钎料中 Sn 含量升高，扩散深度增加，且各扩散工艺下 Sn 在亚稳态钎料中分布均匀，无偏析现象。在固态钎料与锡镀覆层相互接触时，Sn 原子向固相钎料中渗透而基体钎料中的原子向锡镀层中迁移。部分化合物相对于不同金属体系的渗透或迁移速度是不同的。在基体钎料元素和 Sn 的浓度比例接近临界值时，将生成 A_iB_j 同组层化合物或 A_mB_n 异组层化合物。当渗透速度比迁移速度快时，固相一侧生成 A_iB_j 化合物；当迁移速度比渗透速度快时，液相一侧生成 A_mB_n 化合物。

a)

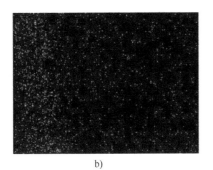

b)

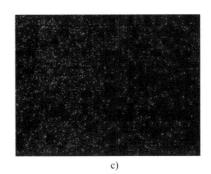

c)

图 4-5　不同扩散温度对亚稳态钎料中 Sn 的面扫描分布图的影响

a）180℃　b）200℃　c）220℃

亚稳态钎料在 220℃ 热扩散 24h 后的 AFM 形貌图，如图 4-6 所示。亮度高区域为凸起部分，亮度暗区域为凹陷部分。凸起部分为扩散过渡区，凹陷部分为基体钎料。亚稳态钎料的二维形貌和三维形貌表面比较粗糙，晶粒尺寸相差较大，且凸起的 AgSn、CuSn 化合物相高低程度不同。这是由于不同取向的 Ag-Sn、CuSn 化合物晶粒生长速度存在显著差别，且生长过程中出现晶粒合并，造成晶粒大小的显著差别。同时，锡镀覆层与基体钎料扩散反应的微观不均匀性，使得扩散过渡区出现高低不平的亚稳态相。

图 4-6   亚稳态钎料在 220℃ 热扩散 24h 后的 AFM 形貌图

a）二维 b）三维

4.1.2 扩散参数对钎料熔化温度的影响

扩散温度为 220℃ 的条件下，扩散时间对亚稳态（厚度为 9.13μm）BAg50CuZn 钎料熔化温度的影响，如图 4-7 所示。分析发现，随着扩散温度升高和扩散时间延长，钎料的固、液相线温度均降低，液相线温度比固相线温度下降的幅度更大，同时熔化温度区间缩小。在经过 220℃、8h 热扩散处理后，钎料固、液相线温度分别为 646.95℃ 和 685.38℃，熔化温度区间为 38.43℃；延长扩散时间，经过 220℃、12h 热扩散后，钎料固、液相线温度分别为 645.63℃ 和 680.67℃，与 8h 热扩散后的熔化温度相比，固、液相线温度分别下降 1.32℃ 和 4.71℃；经过 220℃、16h 热扩散后，钎料的固、液相线温度分别为 644.89℃ 和 678.21℃，与 12h 热扩散后的熔化温度相比，固、液相线温度分别下降 0.74℃ 和 2.46℃；再热扩散 4h 后，钎料的固、液相线温度分别为 643.44℃、676.93℃，而经过 220℃、24h 热扩散处理后，钎料的固、液相线温度继续降低，分别为 642.34℃、676.37℃，此时熔化温度区间进一步缩小，为 34.03℃，与 8h 热扩散后的熔化温度相比，固、液相线温度分别下降 4.61℃、

9.01℃，熔化温度区间缩小 4.4℃。主要原因在于：随着扩散时间延长，Sn 原子的扩散速度加快，很快扩散至过渡区。但 Sn 原子在固态中的扩散速度比其在液态中的扩散速度慢，在过渡区附近可能出现 Sn 的聚集。随着扩散时间延长，聚集在此处的 Sn 继续向基体钎料中渗透，如果扩散结束时此处的 Sn 不能完全渗透至基体钎料，那么将在靠近基体钎料的过渡区域形成类似于熔合线的富 Sn 带。

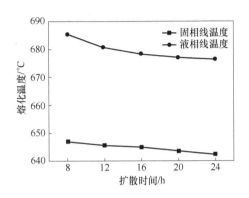

图 4-7　扩散时间对亚稳态钎料熔化温度的影响

在扩散时间为 24h 的条件下，扩散温度对上述亚稳态钎料熔化温度的影响如图 4-8 所示。180℃ 热扩散后钎料的固、液相线温度分别为 648.16℃、687.57℃，此时钎料熔化温度区间为 39.41℃；经 200℃ 热扩散后，钎料的固、液相线温度分别为 646.95℃、683.63℃，与 180℃ 热扩散后的熔化温度相比，固、液相线温度分别下降 1.21℃、3.94℃；经 210℃ 热扩散后，钎料的固、液相线温度分别为 645.41℃、679.86℃，与 200℃ 扩散后的熔化温度相比，固、液相线温度分别下降 1.54℃、3.77℃；经 220℃ 热扩散后，钎料的固、液相线温度继续下降，分别为 642.34℃、676.37℃，此时熔化温度区间进一步缩小，熔化温度区间为 34.03℃，与 180℃ 热扩散后的熔化温度相比，固、液相线温度分别下降 5.82℃、11.2℃，熔化温度区间缩小 5.38℃。这主要是因为：Sn 是低熔点元素，其熔点远低于基体钎料的熔化温度，Sn 可固溶于基体钎料中，形成低熔点固溶体。从热力学角度讲，Sn 的蒸发潜热与摩尔体积的比值小于基体钎料，更容易聚集在钎料表面，并且 Sn 熔点低，随着扩散温度升高，蒸发潜热与摩尔体积的比值更小，Sn 更易扩散，使得 AgCuZnSn 亚稳态钎料具有更大的过热度、更低的黏度，并使得钎料熔化温度降低，熔化温度区间缩小。根据上述分析可知，本试验亚稳态钎料的最佳热扩散工艺为扩散温度为 220℃，扩散时间为 24h。

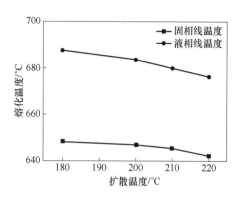

图 4-8　扩散温度对亚稳态钎料熔化温度的影响

4.1.3　扩散过渡区的物相分析

前面对扩散过渡区的分析表明，扩散过渡区主要是 Sn、Ag、Cu，其中 Sn 的质量分数不高于 8%。由于 XRD 的入射深度很浅，如果扩散过渡区厚度很薄，扩散过渡区的衍射很弱，XRD 谱图结果将受到基体钎料的影响，基体钎料中的合金相将成为主要物相。为便于分析，选择热处理 24h 后不同扩散温度的钎料，将其表面轻磨、露出扩散过渡区，然后进行 XRD 分析，结果如图 4-9 所示。亚稳态钎料的扩散过渡区主要形成了 Cu 相、Ag 相、CuZn 相、Ag_3Sn 相、Cu_3Sn相。由 AgCuZn、AgCuSn 三元合金相图可知，Cu 相、Ag 相、CuZn 相来自基体钎料。当 Sn 的质量分数低于 15% 时，400℃ 以下热扩散处理主要形成 Ag_3Sn、Cu_3Sn 化合物相，XRD 谱图的结果与前面 EDS 分析基本一致。

在扩散时间一定的条件下，亚稳态钎料扩散过渡区中，界面物相主要由 Ag_3Sn 和 Cu_3Sn 相组成。随着扩散温度升高，在衍射角为 65° 和 73° 的 Ag_3Sn 相和 Cu_3Sn 相的相对衍射强度值逐渐升高，这说明热扩散处理加快 Sn 原子的热运动，使得 Sn 原子快速扩散进入基体钎料中，然后与基体钎料中的元素形成化合物相。SEM 观察的 Ag_3Sn 相和 Cu_3Sn 相的形貌如图 4-10 所示，其中 Ag_3Sn 相为棒状化合物相，Cu_3Sn 相为块状化合物相。

图 4-11 所示为 220℃ 时 Ag_3Sn 化合物相形成过程的示意图。热扩散处理 4h 后，在亚稳态钎料扩散过渡区中，第二相 Ag_3Sn 颗粒相弥散分布在初生富 Sn 相中，含有较高的自由能（见图 4-11a）。经热扩散处理 8h 后，首先初生富 Sn 相晶界向外推移，钎料中少量 Ag_3Sn 第二相逐渐进入初生富 Sn 相，而大量 Ag_3Sn 第二相富集于晶界相互接触、合并，析出 Ag_3Sn 相分散在晶界附近（见图 4-11b）。继续热扩散处理 12h 后，少量 Ag_3Sn 相达到临界尺寸，快速

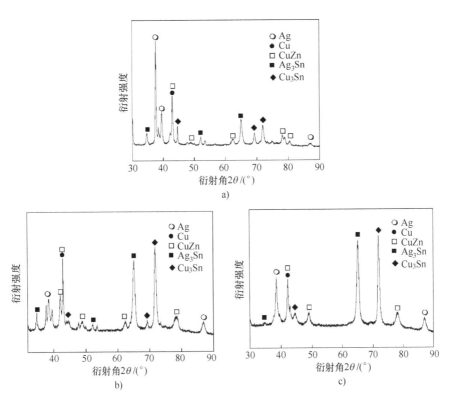

图 4-9　扩散过渡区的 XRD 谱图

a）180℃　b）200℃　c）220℃

图 4-10　SEM 观察的 Ag₃Sn 相和 Cu₃Sn 相的形貌

a）Ag₃Sn　b）Cu₃Sn

接收周围区域较小的颗粒相，使得热量释放，逐渐长大成为大块金属间化合物相（见图 4-11c）。

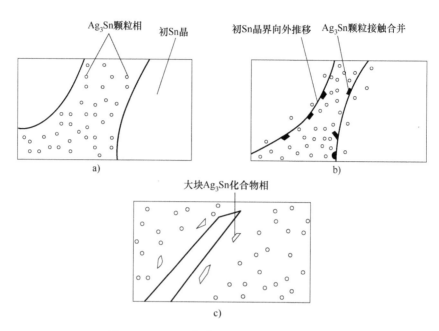

图 4-11　Ag₃Sn 化合物相形成过程的示意图

与经典再结晶理论中的主相长大机制不同，Ag₃Sn 第二相生长过程为第二相异常生长机制，可用 Gibbs-Thomson（吉布斯-汤姆森）方程描述其生长驱动力

$$\Delta\mu = \frac{4\Omega\gamma}{d} \tag{4-1}$$

式中，Ω 为晶粒的原子体积；γ 为界面能；$\Delta\mu$ 为晶粒长大驱动力；d 为晶粒尺寸，当晶粒尺寸较小时，晶粒长大驱动力较大，可促使 Ag₃Sn 相长大。

图 4-12 所示为 220℃时 Cu₃Sn 相形成过程的示意图。在锡镀层中化合物的形成与钎料中 Cu 原子的扩散形成压应力，不断累积的压应力使得锡镀层中 Sn 再结晶，形成锡晶须，锡晶须生长冲破镀层表层的氧化层，继续长大，压应力逐渐得到释放，Sn 晶须在张应力和压应力的作用下形成 Cu₃Sn 相，同时出现部分 Ag₃Sn 相。

在亚稳态钎料过渡区，Sn 原子扩散进入基体钎料的速度比钎料中 Cu 原子、Ag 原子进入锡镀层的速度慢。在 Sn 晶粒边缘区域，扩散的 Cu 原子、Ag 原子产生张应力，该力的形成导致锡镀层内部产生压应力。

锡镀层的晶粒结构决定基体钎料中的元素向锡镀层的扩散行为，故镀层晶粒结构影响锡晶须的形成。镀层缺欠主要来源于晶粒边缘。恒温条件下晶粒扩散的主要形式是晶粒边缘沿着缺欠轨迹进行渗透。产生的缺欠越多，发生扩散

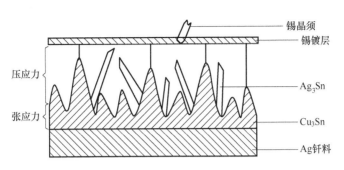

图 4-12　Cu_3Sn 相形成过程的示意图

的可能性越大。因为平滑的镀层晶粒颗粒越小，使得单位面积的晶粒边缘数量越多，导致平滑的镀层晶粒产生的缺欠越多，因此在平滑的镀层晶粒结构中扩散行为更易实现。

4.1.4　Sn 含量的扩散极限

由于大多数金属之间均存在固溶度，且可以形成置换固溶体。若溶质、溶剂的原子半径相差很大，则两者之间的固溶度将很低。由于添加溶质使得弹性畸变能达到一定程度时，出现固溶体不稳定现象。溶质原子半径 R_1 和溶剂原子半径 R_2 之差用 ξ 表示，若该值大于 15%，则固溶度必有极限。

$$\xi = (R_1 - R_2)/R_2 \tag{4-2}$$

如果两组元可形成稳定的中间化合物，那么一定会限制一次固溶体的溶解度。两组元的电负性相差越大，越易形成稳定的化合物，此时固溶度越低。当两组元的电负性差值小于 0.4 时，将有可能形成固溶体。

根据 Cu-Zn、Ag-Sn、Cu-Sn 二元合金相图（见图 4-13）及 AgCuZn 三元合金相图，Sn-Zn 不形成共晶类型的中间相，温度为 198.5℃ 及 Sn 的原子分数为 85.1% 时将形成共晶体。

Ag、Cu、Zn、Sn 的原子半径分别为 0.125，0.128，0.133，0.145，根据式（4-2），则 Ag-Sn、Cu-Sn、Zn-Sn 的固溶度极限分别为：

Ag-Sn：$\xi = 16\%$；Cu-Sn：$\xi = 13.2\%$；Zn-Sn：$\xi = 9\%$。

Cu-Sn 固溶体最多溶入 13.2% 的 Sn，若 Cu 已溶入 10% 的 Zn，则最多只固溶 8.67% 的 Sn。Ag-Sn 的固溶度极限大于 15%，必将限制一次固溶体的溶解度，根据 Ag-Sn 二元相图，Ag-Sn 的最大固溶极为 12.5%，故锡镀层与基体钎料扩散热处理后，Sn 含量的扩散极限由 Ag-Sn 的固溶度极限决定。以 L_{Sn} 代表 Sn 含量的扩散极限，w_{Ag} 代表基体钎料中的 Ag 的质量分数（%），D 代表基体钎料的厚度（μm），d 代表已扩散进钎料中的锡镀层的厚度（μm），h 代表

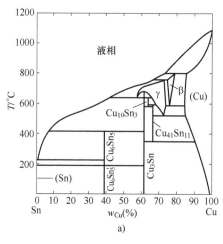

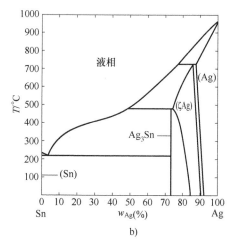

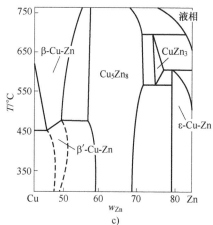

图 4-13 二元合金相图

a) Cu-Sn b) Ag-Sn c) Cu-Zn

试验中锡镀层的厚度（μm）。

则 $\qquad L_{Sn} = w_{Ag} \times 16\% = 0.16w_{Ag}, \quad d = 0.16w_{Ag}D$

故 $\qquad\qquad\qquad h > 0.16w_{Ag}D$

当采用 BAg45CuZn 钎料时，$L_{Sn} = 45\% \times 16\% = 7.2\%$；若 BAg45CuZn 钎料的厚度为 D_1（μm），则可被扩散的锡镀层的厚度为 $7.2\% D_1$。由于受扩散温度的影响，根据前面的分析，锡镀层将出现一定破损，故试验中锡镀层的厚度应大于 $7.2\% D_1$。如：BAg45CuZn 钎料的厚度为 0.2 ~ 0.3mm，可被扩散的锡镀层的厚度为 14.4 ~ 21.6μm，试验中锡镀层的厚度应为 15 ~ 23μm。

当采用 BAg50CuZn 钎料时，$L_{Sn} = 50\% \times 16\% = 8.0\%$；若 BAg50CuZn 钎料

的厚度为 $D_2(\mu m)$，则可被扩散的锡镀层的厚度为 $8.0\% D_2$。由于受扩散温度的影响，根据前面的分析，Sn 镀层将出现一定破损，故试验中锡镀层的厚度应大于 $8.0\% D_2$。

根据 AgCuZn、AgCuSn 三元合金相图及相关文献对 AgCuZnSn 钎料性能的报道[1,140]，根据上述分析结果，考虑到贵金属 Ag 的成本，以及制备低 Ag、节 Ag 钎料的实际需要，基体钎料中 Ag 的质量分数应低于 50%。理论分析认为，本试验所用 AgCuZn 钎料制备的亚稳态钎料中 L_{Sn} 不高于 8%，与前面分析结果 7.2% 相一致。

4.2　扩散过渡区的形成过程

反应阶段 I：锡镀层与基体钎料钎接。在低温气体保护环境中对亚稳态钎料进行热扩散处理。由文献可知，当热扩散温度低于 230℃ 时，Sn 原子与基体钎料的互扩散系数很小，两者数值相差不大。可推断，在受热环境中，亚稳态钎料表面大量 Sn 原子越过 Sn/基体钎料原始界面，进入基体钎料中；同时基体钎料中的 Ag、Cu、Zn 等原子向过渡区附近迁移，如图 4-14a 所示。

反应阶段 II：锡镀层与基体钎料中元素互扩散。随着镀层中的 Sn 原子扩散进入基体钎料，而在压应力作用下，基体钎料中的 Ag、Cu、Zn 等原子由于热分子运动与界面附近的 Sn 原子在过渡区首先生成不稳定的化合物层。经 EDS 分析，该化合物层由 Ag_mSn_n 相、Cu_xSn_y 相组成，如图 4-14b 所示。

反应阶段 III：亚稳态相的形成。随着扩散时间进一步延长，进入基体钎料中的 Sn 含量逐渐升高，初 Sn 晶界向外推移，Ag_mSn_n 相、Cu_xSn_y 相的比例增加，$Ag_mSn_n + Cu_xSn_y$ 扩散过渡区厚度增加，但同时 Ag_mSn_n 相、Cu_xSn_y 相在晶界附近不断与 Sn 晶须接触反应，生成 Ag_3Sn 和 Cu_3Sn 化合物相层，具体反应方程如下

$$3Cu_xSn_y + (x-3y)Sn \rightarrow xCu_3Sn, 3Ag_mSn_n + (m-3n)Sn \rightarrow mAg_3Sn$$

而 Ag_3Sn 第二相表面能较高，处于热力学亚稳态。该化合物层一旦形成就会不断向锡镀层一侧和 Ag_mSn_n 侧生长；而随着热扩散处理的进行及扩散时间的延长，Sn 晶须与 Ag_mSn_n 相、Cu_xSn_y 相中的反应加快，生成高表面能亚稳态的 Ag_3Sn 相的比例增加，宏观表现为钎料中 Ag_3Sn 相和 Cu_3Sn 相的比例不断升高，而 $Cu_xSn_y + Ag_mSn_n$ 反应层、锡镀层的厚度皆不断减薄，如图 4-14c 所示。

反应阶段 IV：扩散合金化。当扩散过渡区的厚度达到某一极限值时，继续延长扩散时间或升高扩散温度，扩散至基体钎料中的 Sn 含量保持不变，即扩散过渡区的厚度不再增加。而此时界面 $Cu_xSn_y + Ag_mSn_n$ 反应层几乎完全转化为

Cu_3Sn 化合物相和亚稳态 Ag_3Sn 相。前面 EDS 分析和 XRD 谱图表明，扩散过渡区主要由 Ag_3Sn 相、Cu_3Sn 相组成，如图 4-14d 所示。

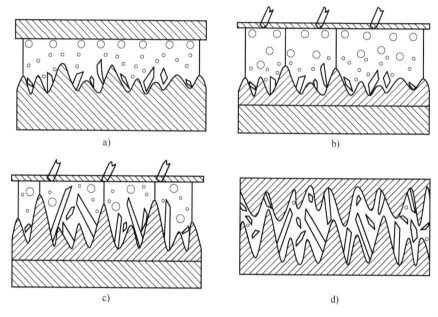

图 4-14　扩散过渡区的形成过程

4.3　扩散过渡区生长的数值分析

4.3.1　数学模型

扩散过渡区的成长分为孕育开始、快速生长和缓慢生长至停止 3 个阶段。设加热升温阶段扩散过渡区的厚度为 h_1，保温阶段扩散过渡区的厚度为 h_t，降温阶段扩散过渡区的厚度为 h_2，则扩散过渡区的总厚度 h 可表示为 $h = h_1 + h_t + h_2$。如果扩散温度、升温速度和降温速度不变，那么在升温和降温阶段扩散过渡区的厚度 h_1、h_2 是固定的，扩散过渡区的总厚度 h 可表示为 $h = h_0 + h_t$，其中 h_0 为升温和降温阶段扩散过渡区的厚度。

图 4-15 所示为 Sn 原子在扩散过渡区两侧的浓度变化示意图。

C_0 为锡镀层中 Sn 原子的初始浓度；C_1 为锡镀层与扩散过渡区界面中 Sn 原子的浓度；C_2 为基体钎料与扩散过渡区界面中 Sn 原子的浓度；C_3 为基体钎料中 Sn 原子的浓度。D_0、D_1 和 D_2 分别为 Sn 原子在锡镀层、扩散过渡区和基体

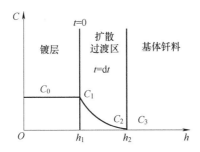

图 4-15　Sn 原子在扩散过渡区两侧的浓度变化示意图

钎料中的扩散系数。这里假设 Sn 原子的浓度和扩散系数只与扩散温度有关。

由菲克第一定律：$J = -D\dfrac{\mathrm{d}C}{\mathrm{d}h}$，可知

扩散过渡区两侧物质量的变化分别为

$$(C_1 - C_0)\frac{\mathrm{d}h_A}{\mathrm{d}t} = \left(-D_1\frac{\mathrm{d}C}{\mathrm{d}h}\right)_{h=A+} - \left(-D_0\frac{\mathrm{d}C}{\mathrm{d}h}\right)_{h=A-} \tag{4-3}$$

$$(C_3 - C_2)\frac{\mathrm{d}h_B}{\mathrm{d}t} = \left(-D_2\frac{\mathrm{d}C}{\mathrm{d}h}\right)_{h=B+} - \left(-D_1\frac{\mathrm{d}C}{\mathrm{d}h}\right)_{h=B-} \tag{4-4}$$

式中，J 为扩散通量；D 为扩散系数；C 为原子浓度；h 为界面位置；h_A 和 h_B 分别为过渡区左侧（A）界面和右侧（B）界面。

由菲克第二定律

$$\frac{\partial C}{\partial t} = D\frac{\partial^2 C}{\partial h^2} \tag{4-5}$$

采用其误差解的形式为

$$C = a + b\,\mathrm{erf}\!\left(\frac{h}{2\sqrt{Dt}}\right) \tag{4-6}$$

式中，$\mathrm{erf}\!\left(\dfrac{h}{2\sqrt{Dt}}\right)$ 为高斯误差函数；a 和 b 为常数。

设 $z = \dfrac{h}{\sqrt{4Dt}}$，则

$$\frac{\mathrm{d}C}{\mathrm{d}h} = \frac{1}{\sqrt{4Dt}}\frac{\mathrm{d}C}{\mathrm{d}z} \tag{4-7}$$

由图 4-15 可知，Sn 原子在扩散过渡区两侧界面区域的分布呈现如下特点

$$\left(-D_0\frac{\mathrm{d}C}{\mathrm{d}h}\right)_{h=A-} \approx 0 \tag{4-8}$$

$$\left(-D_2\frac{\mathrm{d}C}{\mathrm{d}h}\right)_{h=B+} \approx 0 \tag{4-9}$$

将式 (4-7) ~ (4-9) 代入式 (4-3) 和式 (4-4) 中，化简得

$$(C_1 - C_0)\frac{\mathrm{d}h_A}{\mathrm{d}t} = -\sqrt{\frac{D_1}{4t}}\left(\frac{\mathrm{d}C}{\mathrm{d}z}\right)_{h=A+0} \tag{4-10}$$

$$(C_3 - C_2)\frac{\mathrm{d}h_B}{\mathrm{d}t} = -\sqrt{\frac{D_1}{4t}}\left(\frac{\mathrm{d}C}{\mathrm{d}z}\right)_{h=B-0} \tag{4-11}$$

当扩散温度一定时，扩散过渡区两侧界面 h_A 和 h_B 处 Sn 的浓度梯度为常数，即

$$\left(\frac{\mathrm{d}C}{\mathrm{d}z}\right)_{h=A+0} = \delta_1 \tag{4-12}$$

$$\left(\frac{\mathrm{d}C}{\mathrm{d}z}\right)_{h=B-0} = \delta_2 \tag{4-13}$$

将式 (4-12) 和式 (4-13) 代入式 (4-10) 和式 (4-11)，可得

$$(C_1 - C_0)\frac{\mathrm{d}h_A}{\mathrm{d}t} = -\delta_1\sqrt{\frac{D_1}{4t}} \tag{4-14}$$

$$(C_3 - C_2)\frac{\mathrm{d}h_B}{\mathrm{d}t} = \delta_2\sqrt{\frac{D_1}{4t}} \tag{4-15}$$

对式 (4-14) 和式 (4-15) 进行积分，初始条件为 $t=0$，$h_A = h_B = 0$，可得保温阶段扩散过渡区的厚度为

$$h_t = h_B - h_A = \left(\frac{\delta_1\sqrt{D_1}}{C_1 - C_0} + \frac{\delta_2\sqrt{D_1}}{C_3 - C_2}\right)\sqrt{t} \tag{4-16}$$

如前所述，扩散温度一定时，扩散系数 D_1 为常数，所以，$\left(\dfrac{\delta_1\sqrt{D_1}}{C_1 - C_0} + \dfrac{\delta_2\sqrt{D_1}}{C_3 - C_2}\right)$ 也为常数。设 $\dfrac{\delta_1\sqrt{D_1}}{C_1 - C_0} + \dfrac{\delta_2\sqrt{D_1}}{C_3 - C_2} = D_T$，故热扩散过程中形成的扩散过渡区总厚度为

$$h = h_0 + h_t = h_0 + D_T\sqrt{t} \tag{4-17}$$

4.3.2　扩散过渡区生长的参数

根据 Arrehenius 方程，扩散系数 D_T 与扩散温度 T 满足

$$D_T = \delta_0 \exp\left(\frac{-E}{RT}\right) \tag{4-18}$$

式中，δ_0 为扩散因子常数；E 为 Sn 的活化能（kJ/mol）；R 为气体常数，$R = 8.3145\mathrm{J/mol \cdot K}$；$T$ 为热力学温度（K）。

将式（4-18）代入式（4-17）中，得到扩散过渡区总厚度与扩散温度和时间之间的表达式：

$$h = h_0 + h_1 = h_0 + \delta_0 \exp\left(\frac{-E}{RT}\right)\sqrt{t} \qquad (4\text{-}19)$$

对式（4-18）两边同时取对数，则

$$\ln D_T = \ln \delta_0 - \frac{E}{RT} \qquad (4\text{-}20)$$

因此，只需得到两不同扩散温度下的扩散系数，代入式（4-20）中，即可得到 E 和 δ_0。

假设扩散温度分别为 T_1、T_2，对应的扩散系数分别为 D_{T_1} 和 D_{T_2}，则

$$E = \frac{RT_1 T_2 \ln \dfrac{D_{T_2}}{D_{T_1}}}{T_2 - T_1} \qquad (4\text{-}21)$$

$$\delta_0 = D_{T_1} \exp\left(\frac{E}{RT_1}\right) = D_{T_2} \exp\left(\frac{E}{RT_2}\right) \qquad (4\text{-}22)$$

4.3.3　本构方程的建立

为获得扩散过渡区生长的本构方程，利用试验数据确定上述模型中的参数。分别对扩散温度为 200℃ 和 220℃ 时，不同扩散时间对应的扩散过渡区的厚度进行测量，结果见表 4-2。

表 4-2　不同扩散时间对应的扩散过渡区的厚度　　（单位：μm）

扩散温度/℃	扩散时间/h				
	8	12	16	20	24
200	4.5	4.9	5.2	6.1	7.2
220	6.3	6.8	7.4	8.6	9.1

由式（4-17）可知，扩散过渡区的厚度与扩散时间的平方根正线性相关，故可利用 200℃ 和 220℃ 下，不同扩散时间对应的扩散过渡区厚度，用 Matlab 软件进行线性拟合，可求得 h_0 和 D_T，拟合结果为：

温度为 200℃ 时，$h_0 = 0.66955\,\mu m$，$D_T = 0.16119\,\mu m \cdot s^{-0.5}$；

温度为 220℃ 时，$h_0 = 1.69277\,\mu m$，$D_T = 0.1972\,\mu m \cdot s^{-0.5}$。

将以上结果代入式（4-21）和式（4-22），计算可得 $\delta_0 = 23.223\,\mu m \cdot s^{-0.5}$，$E = 19.547 kJ/mol$。

将 h_0、δ_0、E 代入式（4-19），可得到扩散过渡区生长的本构方程，如下：

1）扩散温度为 200℃ 时

$$h = 0.66955 + 23.223 \exp\left(-\frac{19547}{RT}\right)\sqrt{t}$$

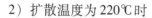
2）扩散温度为220℃时

$$h = 1.69277 + 23.223\exp\left(-\frac{19547}{RT}\right)\sqrt{t}$$

本节推导、建立了扩散过渡区厚度与扩散温度和扩散时间的本构方程，在一定范围内（扩散温度为200～220℃、扩散时间为8～24h），扩散过渡区的厚度随扩散温度升高和扩散时间延长呈指数增加。

4.4　本章小结

本章开展了亚稳态钎料的热扩散工艺和扩散界面机制的研究。主要分析扩散温度、扩散时间对亚稳态钎料界面组织、扩散过渡区物相、Sn的面扫描分布图及亚稳态钎料熔化温度等的影响，进而优化热扩散工艺。同时分析了扩散过渡区物相产生的主要原因，揭示了扩散过渡区的形成机制。建立了Sn原子在亚稳态钎料扩散过渡区的生长模型，并进行数值分析。具体结论如下：

1）随着扩散温度升高和扩散时间延长，亚稳态钎料的熔化温度降低，熔化温度区间缩小，扩散过渡区厚度增加。揭示了扩散过渡区物相主要由Cu_3Sn相和亚稳态Ag_3Sn相组成。Sn在扩散过渡区分布均匀、无偏析。

2）最佳热扩散工艺为：扩散温度为220℃，扩散时间为24h。该工艺制备的亚稳态钎料中Sn的质量分数的极限为7.2%，比传统制备方法提高约31%。

3）揭示扩散过渡区的形成机制为：钎接、互扩散、亚稳态、合金化。

4）推导、建立了200℃和220℃时扩散过渡区生长的本构方程（其中h、R、T、t分别为扩散过渡区的厚度、气体常数、扩散温度和扩散时间）为

$$200℃：h = 0.66955 + 23.223\exp\left(-\frac{19547}{RT}\right)\sqrt{t}$$

$$220℃：h = 1.69277 + 23.233\exp\left(-\frac{19547}{RT}\right)\sqrt{t}$$

第 5 章

亚稳态钎料的性能优化

前面第 3 章、第 4 章分别对亚稳态钎料镀覆制备工艺、亚稳态钎料的扩散机制进行了研究，但是与传统钎料相比，镀覆—热扩散组合工艺制备的亚稳态钎料的性能如何，对于研究亚稳态钎料的钎焊性能及后续市场推广、应用非常重要。润湿性是衡量钎料性能的一项重要指标，钎焊过程属于反应润湿，界面反应在钎焊过程中起决定性作用。但是过度的界面反应不利于钎料润湿铺展。同时，反应润湿中还存在"反润湿"现象，随着反应时间延长，初始被熔融钎料覆盖区域的钎料缩回、露出部分母材表面，在银基钎料与不锈钢的润湿试验中时常出现，故有必要研究亚稳态钎料的润湿特性。工业生产中含 Cl 化合物及卤族盐类物质对金属材料的腐蚀非常严重，质量分数为 3.5% 的 NaCl 水溶液与天然海水中 NaCl 的质量分数相当，属于强电解质溶液，因此研究钎料的耐蚀性对其在腐蚀环境中的工程应用具有重要意义。

本章首先以 BAg50CuZn 钎料为基体，采用电镀—热扩散工艺制备不同 Sn 含量的亚稳态钎料，研究钎料与镀层的界面亲和力、钎料润湿性及熔化温度等特性。其次以 BAg34CuZnSn 为基体，采用刷镀-热扩散工艺制备亚稳态钎料，分析 Sn 含量对钎料熔化温度、润湿性、抗拉强度的影响，并与相同 Sn 含量的传统钎料性能进行对比。然后研究亚稳态钎料润湿过程中出现的前驱膜效应，并对钎料的润湿特性进行分析。最后对亚稳态钎料的耐蚀性进行评价。

5.1 电镀—热扩散工艺制备亚稳态钎料的性能优化

5.1.1 钎料与镀层界面的亲和力

AgCuZnSn 钎料的成分变化行为较为复杂，涉及四元合金的相互作用。电镀锡后，可借助化学亲和力描述钎料中各元素的相互作用。若元素间的化学亲和力参数值越大，则形成化合物的可能性越大；反之，则形成化合物的可能性越小。

元素间的化学亲和力可用式（5-1）计算

$$\eta = \left(\frac{Z}{r_K}\right)_A \bigg/ \left(\frac{Z}{r_K}\right)_B + \Delta X \tag{5-1}$$

式中，η 为化学亲和力参数；Z/r_K 为元素的电荷数与原子半径之比；ΔX 为 A、B 两元素的电负性 X_A、X_B 之差；$(Z/r_K)_A/(Z/r_K)_B$ 值恒取较小的 (Z/r_K) 作为分母，故 $(Z/r_K)_A/(Z/r_K)_B$ 值恒大于1。

根据式（5-1），Ag-Sn，Cu-Sn 和 Zn-Sn 的化学亲和力参数见表5-1。表5-1 的结果表明，Sn 对 Cu 的化学亲和力参数值比其对 Ag、Zn 大，其中 Sn 对 Cu 的化学亲和力参数值最大、对 Ag 的化学亲和力参数值次之、对 Zn 的化学亲和力参数值最小。而元素之间化学亲和力参数值越大，相互作用越强，形成化合物的可能性越大。

表5-1　Ag-Sn、Cu-Sn、Zn-Sn 的化学亲和力参数

元素	$(Z/r_K)_A$	$(Z/r_K)_B$	$\dfrac{(Z/r_K)_A}{(Z/r_K)_B}$①	X_A	X_B	ΔX	η
Ag-Sn	1.39	1.27	1.09	1.93	1.96	−0.03	1.06
Cu-Sn	1.56	1.27	1.23	1.90	1.96	−0.06	1.17
Zn-Sn	1.25	1.27	1.02	1.65	1.96	−0.31	0.71

① $(Z/r_K)_A$ 和 $(Z/r_K)_B$ 中数值小的为分母。

亚稳态钎料的界面元素线扫描分布图如图5-1所示，可以发现钎料和镀层中 Sn、Cu、Ag 的分布发生了显著变化。

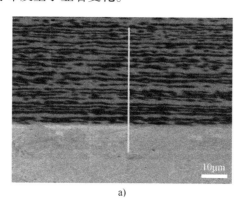

a)

图5-1　亚稳态钎料界面元素线扫描分布图（单位：μm）

a）电子图像

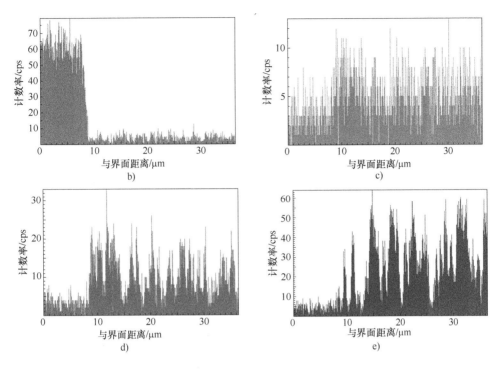

图 5-1　亚稳态钎料界面元素线扫描分布图（单位：μm）（续）

b) Sn　c) Zn　d) Cu　e) Ag

根据图 5-1 可知，Sn 与 Ag、Cu、Zn 的线扫描分布有重叠，说明锡镀层与基体钎料发生互扩散作用。这是因为基体钎料表面镀覆一定量 Sn 后，经热扩散处理，基体钎料中 Ag、Cu 和 Sn 容易结合，通过扩散反应形成 Ag_3Sn、Cu_3Sn 化合物相。Zn 在镀层中分布较少，在基体钎料中分布较多且均匀。

5.1.2　钎料的熔化温度

图 5-2 所示为 S1 型传统钎料和亚稳态钎料的 DSC 曲线，表 5-2 和表 5-3 为图 5-2 中不同钎料对应的吸热峰特征点温度。当升高熔化温度，钎料由固相转变为液相。设定钎料的固相线温度和液相线温度分别为 DSC 曲线上吸热峰的起始点温度和终止点温度。随着亚稳态钎料和传统钎料中 Sn 的质量分数升高，两类钎料的吸热峰均向左偏移。

根据表 5-2 和表 5-3 可知，亚稳态钎料的液相线温度在 676~713℃，固相线温度在 642~667℃。而熔炼合金化方法制备的传统钎料的液相线温度在 676.8~712.9℃，固相线温度在 641~666℃。

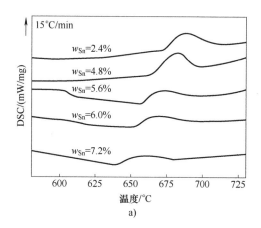

a)

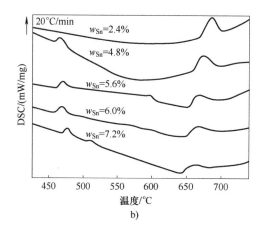

b)

图 5-2　S1 型钎料的 DSC 曲线

a）亚稳态钎料　b）传统钎料

表 5-2　图 5-2a 中吸热峰特征点温度

亚稳态钎料中 Sn 的质量分数 w_{Sn}（%）	固相线温度 T_S/℃	液相线温度 T_L/℃	固-液相线温度区间 ΔT/℃
2.4	667	713	46
4.8	659	698.5	39.5
5.6	655	693	38
6.0	651	688	37
7.2	642	676	34

表 5-3 图 5-2b 中吸热峰特征点温度

传统钎料中 Sn 的质量分数 w_{Sn}（%）	固相线温度 $T_S/℃$	液相线温度 $T_L/℃$	固-液相线温度区间 $\Delta T/℃$
2.4	666	712.9	46.9
4.8	655.5	697.5	42
5.6	651	690.7	39.7
6.0	648.5	686.9	38.4
7.2	641	676.8	35.8

Sn 含量（质量分数）对 S1 型亚稳态钎料和传统钎料熔化温度的影响规律如图 5-3 所示。分析发现 Sn 可显著降低两类钎料的熔化温度。根据表 5-2、表 5-3 及图 5-3 可知，随着亚稳态钎料和传统钎料中 Sn 含量升高，两类钎料的熔化温度均明显降低，熔化温度区间（$\Delta T = T_L - T_S$）均缩小。但亚稳态钎料的熔化温度区间较同 Sn 含量的传统钎料小，缩小 3.65% ~ 6.0%。当传统钎料中 Sn 的质量分数为 4.8% 时，其熔化温度从 666 ~ 712.9℃ 降至 655.5 ~ 697.5℃，熔化温度区间从 46.9℃ 缩小至 42℃。继续升高 Sn 含量，传统钎料的熔化温度进一步下降，当 Sn 的质量分数达到 7.2% 时，熔化温度降至 641 ~ 676.8℃，熔化温度区间缩小至 35.8℃。在亚稳态钎料中 Sn 的质量分数为 4.8% 时，其熔化温度为 659 ~ 698.5℃，熔化温度区间为 39.5℃。随着 Sn 含量不断升高，亚稳态钎料的熔化温度继续下降，当 Sn 的质量分数为 7.2% 时，熔化温度逐渐趋于稳定，为 642 ~ 676℃，熔化温度区间为 34℃，比传统钎料缩小 5.3%。

分析银基钎料相图可知，成分配比接近或位于共晶成分点时，钎料的熔化温度区间最小，而大多数四元、五元钎料均不是共晶材料，不同温度条件下形成不同的显微组织，对钎料成分之间极其精确的平衡和冶炼工艺的要求高于三元钎料。随着钎料成分的变化，钎料熔化温度区间将发生相应的变化。

熔炼合金化和镀覆热扩散工艺添加 Sn 可显著降低钎料的熔化温度，原因在于：钎料熔化过程中在吸热峰温度附近热流发生显著变化，使得钎料在熔化温度附近发生放热反应。由于用熔炼合金化方法添加 Sn，AgCuZnSn 钎料中不规则形状的 $Cu_{41}Sn_{11}$ 相、$Cu_{5.6}Sn$ 相逐渐增加，使得传统钎料熔化温度降低。同时 Sn 元素可固溶于 AgCuZn 基体钎料中，该固溶体的熔化温度处于二元熔化温度之间。而 Sn 的熔点为 232℃，远远低于 AgCuZn 基体钎料的熔化温度。对于亚稳态钎料，通过扩散反应形成的 Ag_3Sn、Cu_3Sn 化合物相，根据 Ag-Sn 和 Cu-Sn 二元相图，Cu_3Sn 和 Ag_3Sn 相的熔点分别为 350℃ 和 221℃，是低于 AgCuZnSn 钎料熔化温度的低熔点相，且弥散分布。这两种相的存在可能是 AgCuZnSn 四

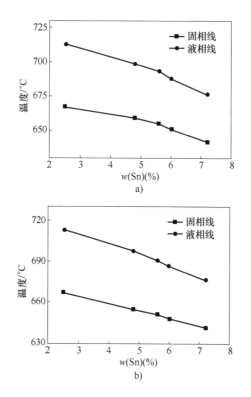

图 5-3　Sn 含量（质量分数）对 S1 型钎料熔化温度的影响

a）亚稳态钎料　b）传统钎料

元合金钎料固、液相线温度下降的原因。故随着 Sn 含量升高，亚稳态钎料和传统钎料的熔化温度逐渐降低。

5.1.3　钎料的润湿性

所谓润湿，是指固液相界面取代固气相界面，使得体系自由能降低，可借助杨氏方程表征，即

$$\sigma_{sg} = \sigma_{sl} + \sigma_{lg}\cos\theta \qquad (5\text{-}2)$$

式中，σ_{sl}、σ_{sg}、σ_{lg} 分别为固液、固气及液气界面张力；θ 为润湿角。

Sn 含量（质量分数）对 S1 型钎料润湿性的影响如图 5-4 所示。随着 Sn 含量升高，亚稳态钎料和传统钎料在 304 不锈钢表面的润湿面积呈现增大趋势。与相同 Sn 含量的传统钎料润湿面积相比，亚稳态钎料的润湿面积提高 8.1% ~ 12.5%。主要是同等 Sn 含量亚稳态钎料的熔化温度区间比传统钎料小，故其润湿性面积较大。在亚稳态钎料中 Sn 含量为 7.2% 时，其润湿面积最大，为

481mm²，与同等 Sn 含量的传统钎料的润湿面积（442mm²）相比，提高了 8.8%。

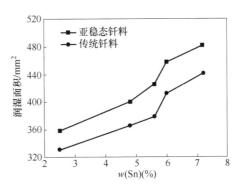

图 5-4　Sn 含量（质量分数）对 S1 型钎料润湿性的影响

这是因为：Sn 是表面活性元素，在钎料中直接添加 Sn 和镀覆锡热扩散处理均可降低钎料的熔化温度。在同一钎焊温度下，随着 Sn 含量升高，钎料的熔化温度逐渐降低，即钎料过热度逐渐增大，液态钎料分子运动加剧，钎料内部分子对其表面分子的吸引力减小，使得钎料润湿面积增大，故钎料在母材表面的润湿面积随着 Sn 含量的升高而增大。同时，润湿铺展过程中，钎料熔化为液态，而液态金属的流动性可用其黏度表征。液态金属黏度越高，则其流动性越差。而液态金属黏度与其过热度成反比。Sn 是低熔点元素，添加 Sn 可显著降低亚稳态钎料的熔化温度，增大液态钎料的过热度，降低其黏度，加快钎料流动性，因而提高亚稳态钎料的润湿性。

5.2　刷镀—热扩散工艺制备亚稳态钎料的性能优化

5.2.1　钎料的熔化温度

图 5-5 所示为 S2 型亚稳态钎料和传统钎料的 DSC 曲线。随着熔化温度升高，钎料发生相转变，即由固相转变为液相。设定 AgCuZnSn 合金的固、液相线温度分别对应 DSC 曲线图中吸热峰的起始点温度和终止点温度。随着钎料中 Sn 含量升高，两类钎料的吸热峰向左偏移。图 5-5 中各钎料的吸热峰特征点温度见表 5-4 和表 5-5。亚稳态钎料的液相线温度在 653～683℃，固相线温度在 631～648℃。传统钎料的液相线温度为 659.7～681℃，固相线温度为 634.1～645.9℃。随着钎料中 Sn 含量升高，两类钎料的固、液相线温度均降低，熔化

温度区间均缩小。相比而言，亚稳态钎料的熔化温度区间较同 Sn 含量的传统钎料更小，缩小了 3.97% ~ 14.5%。

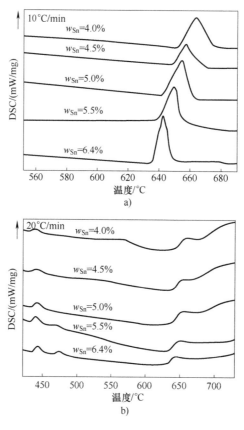

图 5-5　S2 型钎料的 DSC 曲线

a) 亚稳态钎料　b) 传统钎料

　　在亚稳态钎料中 Sn 的质量分数为 4.5% 时，钎料的固相线温度从 648℃降到 643.5℃，液相线温度从 683℃降到 677℃，固、液相线温度分别下降了 4.5℃和6℃。随着 Sn 含量不断升高，亚稳态钎料的熔化温度进一步降低。在 Sn 的质量分数达到 6.4% 时，亚稳态钎料的固、液相线温度分别降至 631℃和 653℃，熔化温度区间为 22℃，较同 Sn 含量的传统钎料缩小 14.1%。对于传统钎料，在 Sn 的质量分数为 4.5% 时，钎料的固相线温度从 645.9℃降到 644.8℃，液相线温度从 681℃降到 679℃。固、液相线温度分别下降了 1.1℃和 2℃。在 Sn 的质量分数达到 6.4% 时，钎料的固、液相线温度分别降至 634.1℃和 659.7℃，熔化温度区间为 25.6℃。随着 Sn 含量不断升高，传统钎料的熔化温度区间缩小幅度加大。

表 5-4　图 5-5a 中吸热峰特征点温度

亚稳态钎料中 Sn 的质量分数 w_{Sn}（%）	固相线温度 T_S/℃	液相线温度 T_L/℃	固-液相线温度区间 ΔT/℃
4.0	648	683	35
4.5	643.5	677	33.5
5.0	640	671.5	31.5
5.5	636	667	31
6.4	631	653	22

表 5-5　图 5-5b 中吸热峰特征点温度

传统钎料中 Sn 的质量分数 w_{Sn}（%）	固相线温度 T_S/℃	液相线温度 T_L/℃	固-液相线温度区间 ΔT/℃
4.0	645.9	681	35.1
4.5	644.8	679	34.2
5.0	640.6	673.4	32.8
5.5	636.6	668.9	32.3
6.4	634.1	659.7	25.6

原因在于：对于传统钎料，Sn 可固溶于 AgCuZnSn 钎料中，而固溶体的强度高、塑性好，且其熔化温度一般介于二元熔化温度之间。而 Sn 的熔点远低于基体钎料的熔化温度，故通过熔炼合金化方法制备传统钎料，也可降低钎料的熔化温度。对于亚稳态钎料，刷镀锡经扩散热处理后，形成 Ag_3Sn 相和 Cu_3Sn 相。根据 AgSn 和 CuSn 二元相图可知，Ag_3Sn 相和 Cu_3Sn 相的熔点分别为 221℃、350℃，属于低熔点相，使得 AgCuZnSn 亚稳态钎料的固相线和液相线温度降低，所以其熔化温度区间降低幅度较传统钎料大。

5.2.2　钎料的润湿性

Sn 含量（质量分数）对 S2 型钎料润湿性的影响如图 5-6 所示。随着钎料中 Sn 含量升高，传统钎料和亚稳态钎料在 316LN 不锈钢表面的润湿面积呈增大趋势。但亚稳态钎料的润湿面积比传统钎料大，提高 7.8%～22.6%。原因在于：对于传统钎料，Sn 改善钎料润湿性主要在于它对液态钎料与母材界面张力的影响，Sn 元素与母材互相作用时，使得界面张力减小，但 Sn 元素与母材形成金属间化合物时，减小界面张力的作用有限；Sn 与母材无限固溶时可显著减小界面张力，提高钎料的润湿性。Sn 与不锈钢母材中的 Fe 形成金属间化合物，因此传统方法添加 Sn 改善钎料润湿性的作用有限。

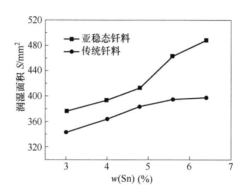

图 5-6 Sn 含量（质量分数）**对 S2 型钎料润湿性的影响**

对于亚稳态钎料，随着 Sn 含量升高，高熔点相逐渐减少，Ag_3Sn 相和 Cu_3Sn 相低熔点相比例逐渐升高，可有效降低液态钎料的黏度，减小液态钎料在 316LN 不锈钢表面的流动阻力，提高钎料润湿性。因此，镀覆-热扩散工艺添加 Sn 可提高钎料的润湿性。由于 Sn 含量相同时亚稳态钎料的熔化温度区间比传统钎料小，故亚稳态钎料的流动性更好、润湿面积更大。在亚稳态钎料中 Sn 的质量分数为 6.4% 时，其润湿面积最大，为 488mm²，与同等 Sn 含量的传统钎料的润湿面积（398mm²）相比，提高了 18.4%。说明采用刷镀—热扩散工艺提高 Sn 含量、制备亚稳态钎料，可以使亚稳态钎料在 316LN 不锈钢上表现出良好的速流性，能有效改善钎料的润湿性。

5.2.3 钎料的力学性能

Sn 含量对 S2 型钎料抗拉强度的影响规律如图 5-7a 所示。基体 BAg34CuZnSn 钎料的抗拉强度为 454MPa。随着钎料中 Sn 含量升高，两类钎料的抗拉强度均升高，亚稳态钎料的抗拉强度略低于传统钎料。当 Sn 的质量分数为 6.4% 时，亚稳态钎料的抗拉强度最高，为 512MPa，略低于传统钎料的抗拉强度（523MPa）。原因在于：

1）对于传统钎料，Sn 与基体钎料存在一定的固溶度，在钎料中可形成固溶体。因为 Sn 的原子尺寸较大，故 Sn 在传统钎料中仅形成置换固溶体，引起点阵畸变。当钎料中 Sn 含量较低时，固溶强化机制起主导作用。

2）对于亚稳态钎料，Ag 钎料中存在的银基固溶体和铜基固溶体组织具有良好的强度和塑性，通过时效处理从亚稳态固溶体中析出可变形的细小颗粒，位错将切过粒子使之随同基体一同变形。随着亚稳态钎料中 Sn 含量升高，锡青铜相的比例逐渐增加，使得钎料抗拉强度逐渐升高。因此，当 Sn 含量升高时，两类钎料的抗拉强度均逐渐升高。在改善 Ag 钎料力学性能方面，提高 Sn 含量是有益的，但其含量不能过高。

Sn 含量（质量分数）对 S2 型钎料显微硬度的影响如图 5-7b 所示。随着 Sn 含量升高，亚稳态钎料和传统钎料的显微硬度均升高。根据霍尔-佩奇公式可知，对于传统钎料，添加 Sn 使得钎料组织中 Ag 析出相呈现细针状，具有细晶强化作用，提高了钎料的硬度，但同时降低了钎料的塑性，使得钎料加工困难。而对于亚稳态钎料，与传统钎料添加 Sn 的方式不同，通过镀覆-热扩散工艺提高钎料中 Sn 含量，虽然对钎料的显微硬度没有显著改善，但不影响钎料的塑性及其后续生产加工。

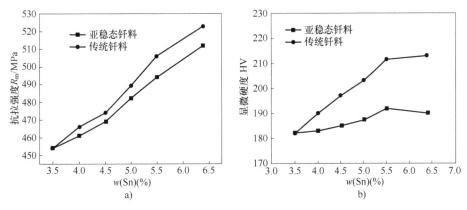

图 5-7　Sn 含量（质量分数）对 S2 型钎料抗拉强度和显微硬度的影响

在 Sn 的质量分数为 4.5% 时，传统钎料和亚稳态钎料拉伸断口的形貌如图 5-8 和图 5-9 所示。传统钎料和亚稳态钎料的宏观拉伸断口均为典型的杯锥状，微观拉伸断口中存在较多韧窝，但整体韧窝较浅。综合拉伸断口宏观、微观形貌及在拉伸过程中出现的明显颈缩现象，断口为典型的韧性断裂。

这主要是因为：

1）镀覆-热扩散工艺在基体钎料中添加 Sn 后，使得钎料中锡青铜相增多，由于亚稳态钎料中 Sn 含量较低，经热扩散的 Sn 被富 Cu 相包裹，在拉伸过程中被拉断。

2）钎料中热扩散 Sn 后，使得钎料熔化温度降低，根据图 4-11 可知，使得亚稳态钎料中 Ag₃Sn 相逐渐呈颗粒状被析出。因此，当亚稳态钎料中 Sn 含量较低时，对钎料断裂机制几乎无显著影响。

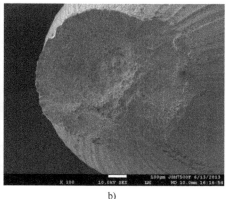

a)　　　　　　　　　　　　　　　　b)

图 5-8　钎料拉伸断口的宏观形貌

a）传统钎料　b）亚稳态钎料

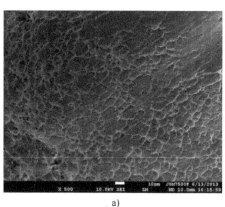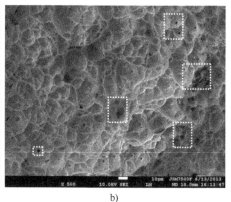

a)　　　　　　　　　　　　　　　　b)

图 5-9　钎料拉伸断口的微观形貌

a）传统钎料　b）亚稳态钎料

5.3　亚稳态钎料的润湿特性

5.3.1　润湿的前驱膜效应

钎料润湿过程中，熔化的钎料边缘总产生一圈前驱膜（晕环），观察其宏观外形特征，好像一条金边镶于钎料外侧，这一现象称为前驱膜效应。液体在固体表面的润湿行为中，前驱膜效应并不是一个新的物理现象。液态金属在固体金属表面铺展时常常可观察到前驱膜效应。由于前驱膜效应与良好的润湿性密切相关，在技术上利用前驱膜效应改善和控制液态钎料的润湿性是可行的，具有实用价值。目前，前驱膜效应的特性主要有 4 点：

1）前驱膜仅在一些特定系统和条件下出现。

2）对于固-液二元系统，特定的系统须形成固溶体或化合物。反之，互不混溶的系统不产生前驱膜。

3）前驱膜的出现对应一临界温度。

4）液滴边缘出现前驱膜，具有良好的润湿性。

图 5-10 所示是 S1 型亚稳态钎料在 304 不锈钢表面润湿的前驱膜照片。润湿的钎料边缘存在一条颜色比较鲜亮的润湿带，它在 304 不锈钢母材上的实际润湿角几乎为 0°。宏观上，前驱膜的宽度很不均匀。在某些边缘部分可以看到，前驱膜较宽的地方钎料流动性很好，流速较快；反之，在前驱膜较窄的地方钎料流动较慢，最后使得润湿边缘形状不一。

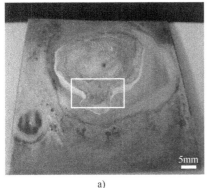
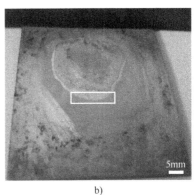

a)   b)

图 5-10　S1 型亚稳态钎料的润湿前驱膜照片

a）Sn 的质量分数为 4.8%　　b）Sn 的质量分数为 6.0%

图 5-11 所示为前驱膜效应的示意图。润湿试验发现前驱膜效应的出现与母材有关，304 不锈钢润湿过程中存在，而纯铜、黄铜表面润湿时无前驱膜效应。本书涉及的润湿试验选用 FB102 钎剂覆盖钎料，主要成分是 KF、KBF_4 和 B_2O_3。其中，B_2O_3 易与 Cu、Zn、Ni 的氧化物形成 $CuO \cdot B_2O_3$、$ZnO \cdot B_2O_3$ 等，以渣的形式浮于母材表面，不仅能去除母材表面的氧化膜，而且能起保护作用。其中 KF 可降低 FB102 钎剂的黏度，提高其去氧化物的能力。

综上可知：亚稳态钎料在 304 不锈钢表面润湿时出现的前驱膜效应，主要是试验中施加的 FB102 钎剂引起的，钎剂中的 B_2O_3 与 304 不锈钢表面的氧化物反应，生成硼酸盐，浮于 304 不锈钢表面出现的润湿带。文献认为，钎焊过程中，出现前驱膜效应有利于钎料在母材表面铺展，这是因为优先铺展的润湿带能降低钎料和母材间的表面张力。

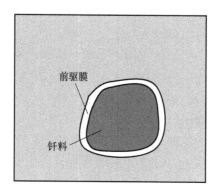

图 5-11   前驱膜效应的示意图

5.3.2   润湿特性分析

图 5-12 所示为不同钎料在 304 不锈钢表面的润湿动态图片。将亚稳态钎料和传统钎料置于 304 不锈钢母材表面加热熔化，随着加热温度升高和时间延长，钎料在 304 不锈钢母材表面铺展。对比 3 组润湿图片可以发现，230℃ 和 250℃ 时亚稳态钎料没有出现分层现象，说明热扩散工艺可行。在 3 种钎料铺展过程的初始阶段，钎料润湿角大于 90°，液态钎料表面张力较大，使得液态钎料形状由方形转变为椭圆形，钎料并未在 304 不锈钢表面铺展流动，液态钎料与 304 不锈钢的接触直径没有增加。在温度升高至 690℃ 后，亚稳态钎料中因为 Ag-Sn 和 Cu-Sn 界面发生反应，随着温度升高润湿角迅速减小，液态钎料与 304 不锈钢的接触直径增大。之后平衡阶段润湿角减小缓慢直到润湿试验结束，润湿角不再发生变化。

分析推断，钎料润湿界面可能存在 α-Fe 析出相，液态钎料和固态母材接触时发生互扩散现象。根据 Fe-Sn 相图，513℃ 发生包晶反应，在本试验温度固态 Fe 在液态 Sn 中存在一定的溶解度，二者接触时，304 不锈钢中部分 Fe 溶入液态 AgCuZnSn 钎料中。由 Ag-Sn 和 Cu-Sn 相图可知，Sn 与 Ag、Cu 的结合能力比其与 Fe 的结合能力更强。Fe 的熔点远比 Ag（960.8℃）、Cu（1083℃）和 Sn（232℃）的熔点高，随着试验温度降低，Fe 在 Sn 中的溶解度降低。所以，Fe 溶入液态 AgCuZnSn 钎料后，在冷却阶段 Fe 从液态钎料中先析出。理论计算可知，所用 AgCuZnSn 钎料的密度约为 9.14g/cm³，比 Fe 的密度大，在重力场中存在重力驱动对流。当 304 不锈钢位于银基钎料下方时，α-Fe 析出相浮在液态钎料表面。

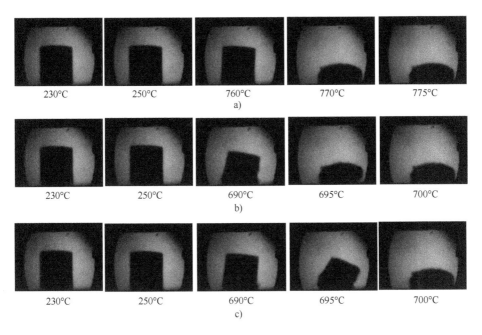

|230℃|250℃|760℃|770℃|775℃|
a)

|230℃|250℃|690℃|695℃|700℃|
b)

|230℃|250℃|690℃|695℃|700℃|
c)

图 5-12　不同钎料在 304 不锈钢表面的润湿动态照片

a）BAg50CuZn 钎料　b）4.8% Sn 亚稳态钎料　c）4.8% Sn 传统钎料

润湿性是评价钎料性能的一项重要指标，因此分析亚稳态钎料改善润湿特性的本质原因非常必要。钎料的润湿性主要与以下因素有关：

（1）母材金属间化合物的厚度和形状　母材金属间化合物的形状不规则对钎料的润湿铺展不利。同时钎料与母材发生轻微冶金反应，可促进钎料在母材表面铺展，但若钎料与母材反应剧烈，将出现母材金属间化合物层过厚，不利于钎料润湿。

（2）加热温度与保温时间　一般来说，升高加热温度或延长保温时间均有利于钎料的熔化铺展。但对于亚稳态钎料，其熔化温度较低，过高的加热温度或过长的保温时间易使钎料在润湿过程中产生氧化物，阻碍钎料流动，降低亚稳态钎料的润湿性。同时，随着保温时间延长，钎剂去除氧化膜的作用减弱、润湿时间延长，钎料本身的表面张力随之增大、液态钎料与母材间的相互作用也随之减弱。从扩散量的角度分析，表面扩散所需能量最低，液态钎料与母材间的相互作用主要为表面扩散，随着加热温度升高，液态钎料的扩散运动加快，钎料润湿面积增大。

（3）液态钎料的黏度　钎料润湿性可用液态钎料的表面张力表征，在温度变化范围较小时，液态钎料的表面张力与温度升高负相关。随着熔化温度升高，液态亚稳态钎料的表面张力减小，有助于改善钎料润湿性。同时，钎料与母材的原子扩散及金属间的相互作用，可使钎料与母材之间的界面张力减小，表面张力和界面张力共同作用加快钎料的流动性，使得液态钎料黏度降低，从而提高钎料在母材表面的润湿性。

（4）钎料中的化合物相　液态钎料和母材之间的润湿性与它们之间是否存在固溶度或形成化合物有关。当液态钎料与母材之间形成固溶体或金属间化合物时，钎料的润湿性好，反之则不易铺展润湿。随着 Sn 含量升高，亚稳态钎料中 Ag_3Sn 相和 Cu_3Sn 相的比例增加，而 Ag_3Sn 相和 Cu_3Sn 相的熔点分别为 221℃ 和 350℃，远低于基体钎料的熔化温度，低熔点相的存在有利于钎料的流动铺展。

S1 型亚稳态钎料在 304 不锈钢表面的润湿界面组织如图 5-13 所示。由图 5-13 可以观察到，亚稳态钎料与 304 不锈钢的润湿界面出现非常薄的凸起化合物相过渡层，垂直于润湿界面向钎料内生长。根据前面 XRD 和 EDS 分析可知，其主要是 Cu_3Sn 相转变生成的 $Cu_{41}Sn_{11}$ 化合物相，且 $Cu_{41}Sn_{11}$ 化合物呈柱状向钎缝内生长。

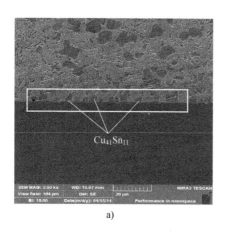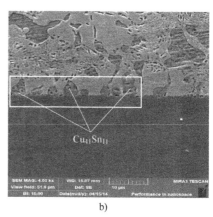

a)　　　　　　　　　　　　　　　　b)

图 5-13　S1 型亚稳态钎料在 304 不锈钢表面的润湿界面组织

a) Sn 的质量分数为 2.4%　　b) Sn 的质量分数为 4.8%

5.4　亚稳态钎料的耐蚀性

按照 2.4.5 中的钎料均匀腐蚀方法进行均匀腐蚀试验。根据金属年腐蚀深度的不同，可将其耐蚀性按十级标准和三级标准分类。

表 5-6 和表 5-7 分别为钎料的均匀腐蚀速率和均匀腐蚀评价。A 组为 BAg50CuZn 基体钎料，B 组、C 组分别为 Sn 的质量分数为 2.4% 和 6.0% 的亚

稳态钎料。腐蚀开始阶段表现为增重，这是因为 Ag 钎料中 Cu、Zn、Sn 3 种元素的标准电极电位（分别为 + 0.337V、− 0.7628V、− 0.136V）比 Ag 的（+ 0.7991V）低，钎料中银基固溶体和铜基固溶体的电极电位相差很大（银基固溶体比铜基固溶体高 0.6V），因此，在质量分数为 3.5% 的 NaCl 溶液中 Ag 相和富 Cu 相构成微小原电池，富 Cu 相被腐蚀。富 Cu 相中 Cu、Zn、Sn 等被腐蚀产生的 Cu^{2+}、Zn^{2+} 和 Sn^{4+} 及少量 Ag^+，与 NaCl 溶液中的 Cl^- 形成不同膏状盐类物质。这些盐类物质附着在 Ag 钎料表面增加了钎料的质量。试验过程中，盐类物质逐渐消失，氧化膜控制试样表面的腐蚀，随着氧化膜厚度增加，因其与钎料结合力小，腐蚀初始减重，随着时间延长，腐蚀减重逐渐趋于稳定。从表 5-6 和表 5-7 可以看出，3 种钎料的平均腐蚀速率在 0.6 ~ 0.75mm/a 之间，没有显著差别，耐蚀性等级均为 2 级，其中 B 组腐蚀速率略大，C 组腐蚀速率最小。

表 5-6　钎料的均匀腐蚀速率

序号		m/g	m_1/g	$S/10^{-4} m^2$	t/h	$v/(mm/a)$
A	1	0.87451	0.86954	0.80113	80	0.73572
	2	0.81970	0.81548	0.81062	80	0.61934
B	3	0.95372	0.94762	1.00284	80	0.72793
	4	0.94684	0.94184	0.81433	80	0.73721
	5	0.97175	0.96587	0.95106	80	0.74231
C	6	0.79103	0.78513	1.00185	80	0.70708
	7	0.80076	0.79528	0.98016	80	0.67128
	8	1.11205	1.10752	1.10127	80	0.49389

表 5-7　钎料的均匀腐蚀评价

序号	腐蚀速率 /(mm/a)	金属耐蚀性十级标准		金属耐蚀性三级标准	
		耐蚀性分类	耐蚀性等级	耐蚀性分类	耐蚀性等级
A	0.67753	IV	7	可用	2
B	0.73582	IV	7	可用	2
C	0.62408	IV	7	可用	2

在质量分数为 3.5% 的 NaCl 水溶液中，阴极发生的反应为 $2H^+ + 2e \rightarrow H_2$，阳极发生的反应为 $Ag \rightarrow Ag^+ + e$，$Cu \rightarrow Cu^{2+} + 2e$，$Zn \rightarrow Zn^{2+} + 2e$，$Sn \rightarrow Sn^{4+} + 4e$。

钎料表面产生的膏状物质为：

$Ag^+ + Cl^- \rightarrow AgCl$，$Cu^{2+} + 2Cl^- \rightarrow CuCl_2$，

$Zn^{2+} + 2Cl^- \rightarrow ZnCl_2$，$Sn^{4+} + 4Cl^- \rightarrow SnCl_4$，

虽然这些膏状物质附着在钎料表面，但组织较疏松未形成完整的钝化膜，故并不能保护亚稳态钎料不受腐蚀。

根据表 5-7 可知，上述 3 种钎料的耐蚀性等级均为 2 级，但是不能以均匀腐蚀速率确定钎料在腐蚀介质中的使用寿命，钎料的局部腐蚀也可造成钎焊接头薄弱部位的失效，直接影响钎料的使用寿命。所以，虽然钎料在质量分数为 3.5% 的 NaCl 溶液中均匀腐蚀速率低，但并不表示钎料在此介质中不发生严重的局部腐蚀。

均匀腐蚀试验后，不同钎料的 SEM 腐蚀形貌如图 5-14 所示。随着亚稳态钎料中 Sn 含量升高，其均匀耐蚀性降低。AgCuZn 基体钎料出现了非常明显的

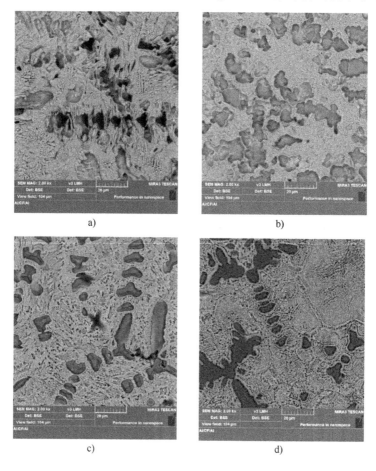

a)   b)

c)   d)

图 5-14　不同钎料的 SEM 腐蚀形貌

a）基体钎料　b）Sn 的质量分数为 2.4% 的 AgCuZnSn 亚稳态钎料

c）Sn 的质量分数为 4.8% 的 AgCuZnSn 亚稳态钎料

d）Sn 的质量分数为 6.0% 的 AgCuZnSn 亚稳态钎料

腐蚀坑；Sn 的质量分数为 2.4% 的亚稳态钎料表面放大后也观察到少量腐蚀坑，但是此时 Sn 的质量分数为 2.4% 的亚稳态钎料的腐蚀坑深度小于 AgCuZn 基体钎料。随着钎料中 Sn 含量升高，Sn 的质量分数为 4.8% 和 6.0% 的亚稳态钎料的腐蚀坑深度逐渐降低，但被腐蚀的面积逐渐增加。Sn 的质量分数为 4.8% 和 6.0% 的亚稳态钎料主要是均匀面腐蚀，Sn 的质量分数为 2.4% 的亚稳态钎料则是全面腐蚀兼有不均匀的局部点腐蚀，AgCuZn 基体钎料主要是点腐蚀。

这是因为基体钎料中 Ag、Cu 和 Zn 的标准电极电位相差较大，Ag、Zn 和 Cu、Zn 均构成腐蚀电池，主要是阳极 Zn 被腐蚀。亚稳态钎料中扩散的 Sn 更倾向与 Cu、Ag 反应，提高 Ag、Zn 和 Cu、Zn 构成腐蚀电池的可能性，使得 Zn 作为阳极被腐蚀的含量升高，从而降低钎料的耐蚀性。虽然从钎料的质量损失角度分析失重较小，但其危害是巨大的。

被腐蚀钎料的微区选择及各微区成分的 EDS 分析结果如图 5-15 所示和见表 5-8。图 5-15a 被腐蚀的各点组织主要是富 Cu 相、Ag 相、CuZn 相，其中 CuZn 相被腐蚀得较为严重，推断图 5-15a 中的腐蚀坑主要是 CuZn 相被腐蚀的缺欠；图 5-15b 中，当亚稳态钎料中 Sn 的质量分数为 2.4% 时，钎料中有局部不均匀的点腐蚀，结合 EDS 分析，主要是富 Cu 相、CuZn 化合物相及少量 Ag 相被腐蚀；图 5-15c 中，当亚稳态钎料中 Sn 的质量分数为 4.8% 时，钎料为面腐蚀，结合 EDS 分析，主要是 Ag 相、AgSn 相、富 Cu 相被腐蚀；图 5-15d 中，当亚稳态钎料中 Sn 的质量分数为 6.0% 时，钎料为面腐蚀，结合表 5-8 的分析结果，推断是 AgSn 相、CuSn 相、Ag 相被均匀腐蚀。

表 5-8　图 5-15 微区成分的 EDS 分析结果　　　　（单位:%）

点编号	Ag	Cu	Zn	Sn	可能被腐蚀相
1	46.4	23.1	30.5	0.0	Ag、CuZn
2	49.2	26.8	24.0	0.0	Ag、CuZn
3	56.8	22.5	20.6	2.1	富 Cu
4	60.1	21.5	17.3	1.2	富 Cu
5	55.8	22.1	20.2	1.9	Ag、CuZn
6	19.5	52.7	27.0	0.8	富 Cu、Ag
10	49.6	24.4	24.3	1.7	Ag、CuZn
11	64.7	14.6	16.5	4.3	Ag、AgSn
12	48.1	28.5	19.6	3.8	富 Cu
13	51.9	24.1	18.4	5.5	富 Cu、AgSn
14	56.7	15.3	25.6	2.4	Ag、CuZn、CuSn
15	17.8	56.5	24.5	1.2	富 Cu、AgSn
16	23.4	53.1	21.2	2.3	Ag、AgSn

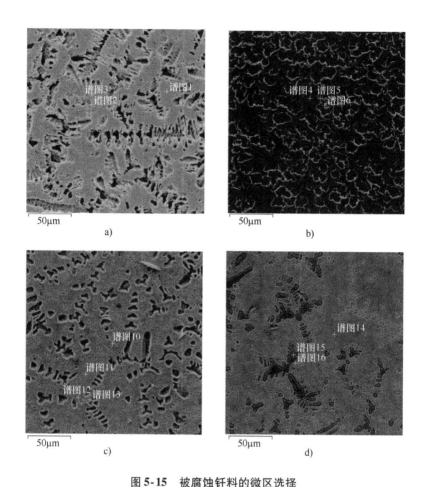

50μm

a)

50μm

b)

50μm

c)

50μm

d)

图 5-15　被腐蚀钎料的微区选择

a）基体钎料　b）2.4% Sn 的亚稳态钎料　c）4.8% Sn 的亚稳态钎料

d）6.0% Sn 的亚稳态钎料

5.5　本章小结

本章主要开展亚稳态钎料的性能优化研究。具体结论如下：

1）以 BAg50CuZn 钎料为基体，对采用电镀—热扩散组合工艺制备的亚稳态钎料进行性能调控。随着 Sn 含量升高，亚稳态钎料的 DSC 吸热峰向左偏移、熔化温度降低、润湿面积增大。与同等 Sn 含量的传统钎料相比，亚稳态钎料的熔化温度区间缩小 3.65% ~ 6%，润湿面积提高 8.1% ~ 12.5%。在 Sn 的质量分数为 7.2% 时，亚稳态钎料的熔化温度区间为 34℃，润湿面积为 481mm²。

2）以 BAg34CuZnSn 钎料作为基体，对采用刷镀—热处理组合工艺制备的亚稳态钎料进行性能研究。随着钎料中 Sn 含量升高，亚稳态钎料的 DSC 吸热峰向左偏移、熔化温度降低、润湿面积增大、抗拉强度增高。与同等 Sn 含量的传统钎料相比，亚稳态钎料的熔化温度区间缩小 3.97% ~ 14.5%，润湿面积提高 7.8% ~ 22.6%，抗拉强度略低。在 Sn 的质量分数为 6.4% 时，亚稳态钎料的熔化温度区间为 22℃，润湿面积为 488mm²，抗拉强度为 512MPa。Sn 的质量分数为 4.5% 的亚稳态钎料和传统钎料的拉伸断口呈现典型的韧性断裂特征。

3）分析亚稳态钎料的润湿前驱膜特性。认为润湿前驱膜效应主要与钎料中化合物相、母材金属间化合物厚度和形状、加热温度和时间、液态钎料黏度相关。

4）评价亚稳态钎料的耐蚀性。与基体钎料的点腐蚀相比，亚稳态钎料的耐蚀性较差，主要呈现面腐蚀。主要原因是亚稳态钎料中扩散的 Sn 使得 Zn 作为阳极被腐蚀的含量升高，导致钎料耐蚀性下降。

第 **6** 章

亚稳态钎料钎焊接头的组织和性能

　　钎焊技术是制冷产品制造过程中极其重要的生产工艺之一，如制冷控件中黄铜阀体、黄铜法兰的连接，因此钎焊接头的质量直接影响产品的最终性能。家用空调制造业中，钎焊接头的材料主要有黄铜—黄铜和黄铜—低碳钢。钎焊黄铜—黄铜时，须根据接头致密性和塑性要求选择钎料，目前重要部件接头主要采用 AgCuZnSn 钎料，故研究亚稳态钎料钎焊 H62 黄铜的接头组织和性能，可将其用于制冷领域的中温钎焊。黄铜与不锈钢管的连接在制冷管路、制冷控件中较为常见，主要采用感应钎焊工艺。例如某制冷控件为黄铜（H62）阀座与不锈钢（06Cr19Ni10）管压力套接，采用高频感应钎焊工艺对其进行连接。由于铜与钢在高温环境中的晶格类型、晶格常数、原子半径等参数特别接近，非常有利于钎焊，因此研究不锈钢和 H62 黄铜钎焊接头的组织和力学性能，具有重要的实际意义和工程价值。不锈钢钎焊在航空航天、仪器仪表等工业领域被广泛应用，如蜂窝结构、热交换器、套管等结构件的连接。银基钎料由于熔化温度适中，填缝能力优异，对母材性能影响小，是钎焊不锈钢最常用的硬钎料。

　　在第 5 章的基础上，本章主要开展亚稳态钎料钎焊接头显微组织和力学性能的研究。首先采用 BAg45CuZn 钎料制备的亚稳态钎料和传统钎料对 H62 黄铜进行火焰钎焊，研究 H62 黄铜钎焊接头的显微组织和力学性能。其次采用 BAg50CuZn 钎料制备的亚稳态钎料和传统钎料对 304 不锈钢/H62 黄铜进行感应钎焊，研究钎料中 Sn 含量对钎焊接头显微组织、力学性能的影响。同时用 BAg34CuZnSn 钎料制备的亚稳态钎料和传统钎料感应钎焊 316LN 不锈钢，研究316LN 不锈钢钎焊接头的显微组织和力学性能，最后研究亚稳态 CuZnSn 钎料连接碳钢的接头组织性能。这些研究将对亚稳态 AgCuZnSn 钎料在制冷等行业的工程应用提供技术支撑。

6.1　H62 黄铜钎焊接头的组织和性能

6.1.1　钎焊接头的组织

图 6-1 ~ 图 6-3 所示分别为 BAg45CuZn 基体钎料及其制备的 S3 型亚稳态钎料和传统钎料连接的 H62 黄铜钎焊接头的宏观、微观组织形貌。图 6-4 所示为 H62 黄铜钎焊接头钎缝区的 XRD 谱图。镀锡前后，钎焊接头界面完整，组织无孔洞、裂纹、夹杂等缺欠出现。传统钎料钎焊接头组织由大块状的富 Cu 相、富 Cu 相周围的富 Ag 相、黑色富 Cu 相与相间的白色富 Ag 相组成的共晶组织构成。因为富 Cu 相含量较高，颜色偏黑，钎缝中心以富 Ag 相、伪共晶组织居多，颜色比钎缝边缘白亮，富 Ag 相在共晶组织中呈针状。根据 AgCuZn 三元相图可知，先结晶的富 Cu 相为 α 相即铜基含 Ag、Zn 固溶体，其边缘白色富 Ag 相为 α_1 相即 Ag 基含 Cu、Zn 固溶体，共晶组织中白色针状相为 α_1 相，黑色相为 β 相 [(Cu，Ag)Zn]。

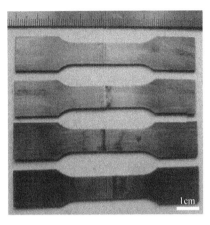

图 6-1　H62 黄铜钎焊接头的宏观照片

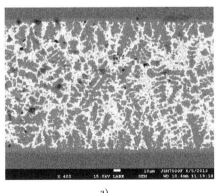 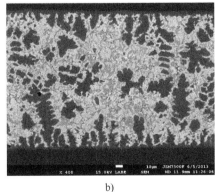

a)	b)

图 6-2　H62 黄铜钎焊接头的宏观组织形貌

a) 基体钎料　b) 亚稳态钎料（Sn 的质量分数为 2.5%）

与传统钎料相比，亚稳态钎料连接的接头钎缝中主要存在 3 种组织（见图 6-3）：第 1 种是黑色的基体组织（A 点），该区域主要含 Cu 和 Zn，结合 XRD 谱图可知，主要是富 Cu 相和 CuZn 化合物相，富 Cu 相和 CuZn 化合物相分别固溶一定量的 Ag 和 Sn；第 2 种为大块的灰色相组织（B 点），该区域主要由 Ag 相、CuZn 化合物及析出相组成；第 3 种为类针状灰白色的组织（C 点），主要是富 Ag 相，这种组织在钎缝内纵横交错，XRD 分析表明，该区域主要含 Ag、Cu 和 Zn，主要由 Ag 相、CuZn 化合物相及共晶相组成。采用基体 BAg45CuZn 钎料钎焊接头组织主要由上述黑色组织、灰白色相、灰色相组成。亚稳态钎料连接的接头组织中黑色组织和灰白色相减少，灰色相增多。

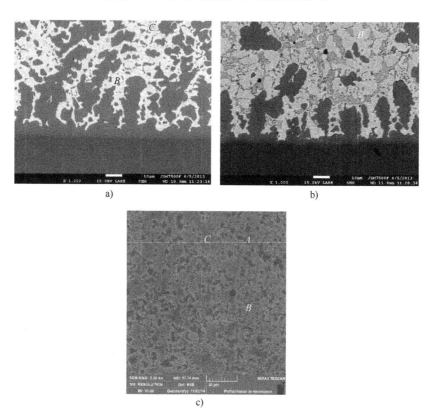

图 6-3 H62 黄铜钎焊接头的微观组织形貌

a）基体钎料 b）Sn 的质量分数为 2.5% 的亚稳态钎料 c）Sn 的质量分数为 2.5% 的传统钎料

XRD 谱图分析表明，基体钎料连接的接头组织主要由富 Cu 相、Ag 相、CuZn 化合物相组成，如图 6-3a 和图 6-4a 所示。当亚稳态钎料中 Sn 的质量分数为 2.5% 时，接头组织中富 Cu 相和 Ag 相减少，Ag 析出相增多，钎焊接头组织主要由富 Cu 相、Ag 相、CuZn 和 Cu_5Zn_8 化合物相组成, 如图 6-3b 和图 6-4b 所示, XRD 分析在钎缝中未发现 CuSn 化合物相存在, 应该是亚稳态钎料中 Sn 含量较低, Sn 分别固溶于银基或铜基固溶体中。与相同 Sn 含量的基体钎料和亚稳态钎料相比, 传统钎料钎焊接头组织中富 Cu 相和 Ag 相也减少, Ag 析出相增多, 钎焊接头组织中除了富 Cu 相、Ag 相、CuZn 和 Cu_5Zn_8 化合物相外, 出现 $Cu_{5.6}Sn$ 化合物相, 如图 6-3c 和图 6-4c 所示。

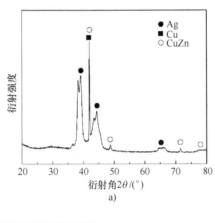

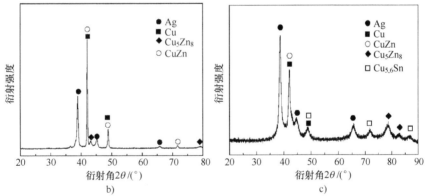

图 6-4 H62 黄铜钎焊接头钎缝区的 XRD 谱图

a) 基体钎料 b) Sn 的质量分数为 2.5% 的亚稳态钎料 c) Sn 的质量分数为 2.5% 的传统钎料

分析认为, 钎缝金属结晶初始析出高熔点的富 Cu 相 (麦穗状相), 因为富 Cu 相先结晶造成周围的液相贫 Cu, 在随后的结晶过程中, 形成白色富 Ag 相 (富 Cu 相周围白亮区域); 随着钎焊温度继续下降, 因为冷却速度快, 使得 L + α_1 + β 三相区扩大, 发生 L→α_1 + β 转变, 产生平衡结晶不出现的 α_1 + β 共晶组织, 直至液相全部消失, 结晶终止。因为火焰钎焊冷却速度快、过冷度高、结晶核较多，钎缝中心和边缘同时结晶，所以晶粒分布均匀、组织细小，因为枝状晶粒生长及枝晶之间的偏析，使得富 Cu 相呈现麦穗状，富 Ag 相在其周围，因为冷却速度快，造成富 Cu 相中含 Ag 量呈现亚稳态，共晶组织中黑色富 Cu 相增多。

根据图 6-2 ~ 图 6-4 可知，亚稳态钎料钎焊接头组织中富 Ag 相减少，Ag 析出相增多。主要原因如下：

1）Sn 与 Ag 的原子半径相近，满足固溶体大量固溶合金元素的条件，部分 Ag 和 Sn 包裹在初始形成的富 Cu 相中，使得 Ag 相减少。

2）在 Ag 对其余组元溶解度达极限值时，Ag 的电子浓度值远小于富 Cu 相的极限电子浓度值。

3）部分大块状相发生非连续脱溶现象，钎料中的 Ag 相逐渐在其外围呈颗粒状析出。因此，随着亚稳态钎料中 Sn 含量升高，接头组织中的 Ag 析出相增多。

不同钎焊接头界面元素的线扫描分布如图 6-5 和图 6-6 所示。基体钎料和亚稳态钎料钎焊接头界面元素的线扫描分布情况如下：

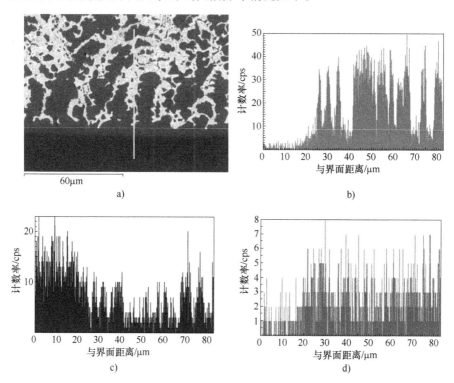

图 6-5　基体钎料钎焊接头界面元素的线扫描分布

a）电子图像　b）Ag　c）Cu　d）Zn

Sn：基体钎料接头钎缝和母材中没有 Sn，而亚稳态钎料接头钎缝和母材中 Sn 含量发生显著变化，因为亚稳态钎料是基体钎料表面镀覆一定量的 Sn，经热扩散处理后，进入基体钎料中，亚稳态钎料接头钎缝中的 Sn 分布较为均匀，在母材中含量略低。

Ag：在钎缝中分布较为均匀，含量较高，在母材中含量很低，几乎为零。扩散热处理后亚稳态钎料接头钎缝中 Ag 的相对强度低于基体钎料。

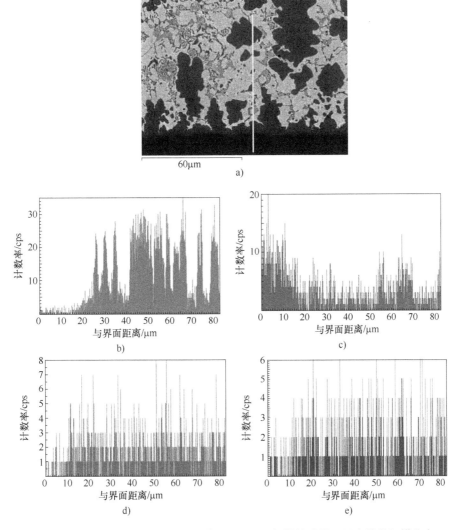

图 6-6　亚稳态钎料（Sn 的质量分数为 2.5%）钎焊接头界面元素的线扫描分布

a）电子图像　b）Ag　c）Cu　d）Zn　e）Sn

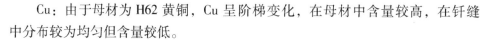

Cu：由于母材为 H62 黄铜，Cu 呈阶梯变化，在母材中含量较高，在钎缝中分布较为均匀但含量较低。

Zn：在钎缝中无显著变化，含量较高；在母材区域含量很低，几乎为零。

根据图 6-5 和图 6-6，在钎缝和母材界面处，Ag、Cu、Zn、Sn 4 种元素的线扫描分布有重叠，说明钎料中的 Ag、Cu、Zn、Sn 4 种元素与 H62 黄铜母材中的 Cu 元素在母材与钎缝界面发生了互扩散，形成界面金属间化合物。

6.1.2 钎焊接头的力学性能

Sn 含量（质量分数）对 H62 黄铜钎焊接头抗拉强度的影响如图 6-7 所示。随着钎料中 Sn 含量升高，传统钎料和亚稳态钎料钎焊接头的抗拉强度均升高，亚稳态钎料接头的抗拉强度略低于传统钎料接头的。在 Sn 的质量分数为 2.5% 时，两类钎焊接头的抗拉强度最高，分别为 373MPa 和 352MPa。

钎料中 Sn 含量影响接头抗拉强度的主要原因如下：

1）随着钎料中 Sn 含量升高，钎料的熔化温度降低，使得钎焊温度降低。因此，H62 黄铜母材受热影响较小。

2）随着钎料的熔化温度降低，以钎料向 H62 黄铜母材中的扩散为主，使得过渡层厚度逐渐增加；同时随着钎料中 Sn 含量升高，钎缝中含 Sn 固溶体相的比例增加。

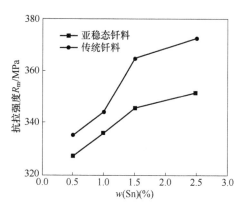

图 6-7　Sn 含量（质量分数）对 H62 黄铜钎焊接头抗拉强度的影响

综上可知，当钎料中 Sn 含量较低时，上述两因素使得钎焊接头的抗拉强度升高。

传统钎料钎焊接头的强度比亚稳态钎料钎焊接头的强度略高，原因在于：传统钎料中添加 Sn 后，Sn 在钎缝中的强化机制属于固溶强化，造成钎料中固溶体的点阵畸变，随着 Sn 含量逐渐升高，固溶体在钎缝中的比例增加，使得晶格畸变的概率升高，提高钎焊接头的强度；而亚稳态钎料通过镀覆-热扩散方法在基体钎料中加 Sn 后，Sn 在钎料中的强化机制属于沉淀强化，钎料组织中银基固溶体和铜基固溶体具有良好的强度和塑性，通过时效处理从亚稳态固溶体中析出可变形的细小粒子，位错将切过粒子使之同基体一起变形。随着亚稳态钎料中 Sn 含量升高，钎料中锡青铜相（Sn 在富 Cu 相中的固溶体相）的比例逐渐增加，使得钎焊接头的抗拉强度逐渐升高。因此，在提高钎焊接头力学性能方面，添加 Sn 是有益的，但其含量不能过高，否则接头组织中将出现脆性相使得接头力学性能下降。

图 6-8 所示为不同钎料连接的 H62 黄铜钎焊接头的拉伸断口形貌。分析可知，BAg45CuZn 基体钎料、Sn 的质量分数为 2.5% 的亚稳态钎料钎焊接头的断口均为典型的韧性断裂，断口中存在等轴韧窝。韧窝中观察到夹杂粒子和微孔，说明韧窝产生的机理为微孔聚集型机理，其中夹杂物为钎焊过程中产生的第二相粒子，尺寸很小。而传统钎料连接的接头断口形貌中韧窝大且深，添加 Sn 具有固溶强化作用，但局部出现脆性特征，因此接头断口是以韧性断裂为主、脆性断裂为辅的混合断裂特征。主要是因为镀覆锡经热扩散进入基体钎料后，使得钎料中铜基固溶体相比例增加，由于亚稳态钎料中含有质量分数为 2.5% 的 Sn，钎焊过程中所需钎焊温度较低，钎焊结束后发生较快的冷却，在强烈的非平衡凝固作用下，经低温扩散的 Sn 和部分 Ag 被包裹在富 Cu 相中，在拉伸过程中被拉断。而传统钎料中添加质量分数为 2.5% 的 Sn，Sn 在接头中的强化机制

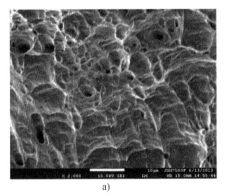

a)

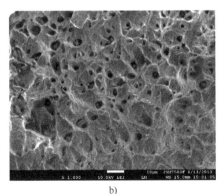

b)

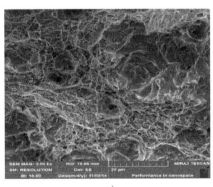

c)

图 6-8　H62 黄铜钎焊接头的拉伸断口形貌

a）基体钎料　b）亚稳态钎料　c）传统钎料

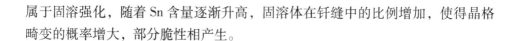

属于固溶强化，随着 Sn 含量逐渐升高，固溶体在钎缝中的比例增加，使得晶格畸变的概率增大，部分脆性相产生。

6.2 304 不锈钢/H62 黄铜钎焊接头的组织和性能

6.2.1 钎焊接头的组织

图 6-9 所示为 BAg50CuZn 钎料及其制备的 S1 型亚稳态钎料和传统钎料连接的 304 不锈钢/H62 黄铜钎焊接头的显微组织，图 6-10 所示为 304 不锈钢/H62 黄铜钎焊接头钎缝区的 XRD 谱图。根据 AgCuZn 及 AgCuSn 合金相图和 XRD 谱图，可判定接头组织的物相组成。基体钎料钎焊接头的组织主要由黑色富 Cu 相、灰白色 Ag 相、灰色 CuZn 化合物相组成；与基体钎料钎焊接头组织相比，Sn 的质量分数为 4.8% 的亚稳态钎料钎焊接头组织中 Ag 相和富 Cu 相减少，除了上述富 Cu 相、Ag 相、CuZn 化合物相外，出现 Cu_5Zn_8 相；当亚稳态钎料中 Sn 的质量分数为 6.0% 时，接头组织主要由富 Cu 相、Ag 相、CuZn 相、Cu_5Zn_8 相、$Cu_{41}Sn_{11}$ 相及 Ag_3Sn 相组成。

根据 Cu-Zn、Ag-Sn、AgCuZn 及 AgCuSn 合金相图，可确定亚稳态钎料在钎焊过程中发生的相变：当钎料加热至 480℃ 时，发生无序化相变及熔晶反应（Ⅰ）：β'-Cu-Zn（有序体心立方结构）$\rightarrow \beta$-Cu-Zn（无序体心立方结构）及 ξ-Ag-Sn$\rightarrow$L + γ-Ag_3Sn；而加热至 510 ~ 515℃ 时，发生反应（Ⅱ）：α-Cu + γ-$Ag_3Sn$$\rightarrow$$\alpha$-Ag + δ-$Cu_{41}Sn_{11}$，在后续熔化过程中发生包析反应（Ⅲ）：γ-Cu_5Zn_8 + ε-Cu-Zn$\rightarrow$$\delta$-$CuZn_3$。所以，随着亚稳态钎料中 Sn 含量升高，钎料熔化过程中发生的相变和生成的相增多，且反应较为复杂，导致钎焊接头的力学性能发生变化。

Sn 的质量分数为 4.8% 的传统钎料钎焊接头组织由富 Cu 相、Ag 相及 CuZn 相、Cu_5Zn_8 相、$Cu_{5.6}Sn$ 相组成；当 Sn 的质量分数为 6.0% 时，钎焊接头组织主要由富 Cu 相、Ag 相、CuZn 相、Cu_5Zn_8 相、$Cu_{41}Sn_{11}$ 相、$Cu_{5.6}Sn$ 相组成。与亚稳态钎料钎焊接头的组织不同，传统钎料钎焊接头的组织出现 $Cu_{5.6}Sn$ 脆性相。这说明传统钎料钎焊接头的组织呈现多相，且存在脆性相，综合影响接头的力学性能。

对于传统钎料，钎焊过程中熔融的液态钎料开始凝固时，由于 Cu 的熔点较高（1083℃），凝固组织中首先析出初生 α-Cu 相。当凝固温度降至 902℃ 时，根据 Cu-Zn 二元相图可知，二者间发生包晶反应，剩余液相与初始 α-Cu 作用生成 β-CuZn 相。β-CuZn 相位于初始 α-Cu 和液相之间，阻碍包晶反应继续发生，所以包晶产物中存在部分初始 α-Cu 相。在此过程中，Ag、Sn 部分逐渐固溶于 α-Cu 和 CuZn 化合物中。由于 Sn 在钎料中含量较低，随着温度降低不存

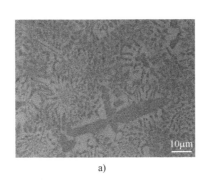

a)

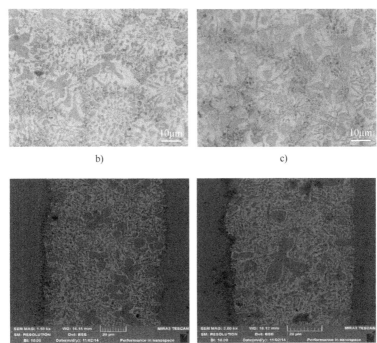

b) c)

d) e)

图 6-9 304 不锈钢/H62 黄铜钎焊接头的显微组织

a）基体钎料 b）Sn 的质量分数为 4.8% 的亚稳态钎料

c）Sn 的质量分数为 6.0% 的亚稳态钎料 d）Sn 的质量分数为 4.8% 的传统钎料

e）Sn 的质量分数为 6.0% 的传统钎料

在富余的 Sn 往外排出。但 Ag 相逐渐被排挤至边缘，当凝固温度降至 779℃ 时，Ag 与 Cu 发生共晶反应，生成不规则形态的共晶相。这里存在两种共晶反应，一种是 α-Cu 与其周围析出的 Ag 相发生共晶反应，使得固溶于富 α-Cu 中的 Ag 相析出；另一种是剩余液相中 Ag 与 Cu 发生共晶反应，导致钎料内大块的富 Ag 相析出。同时，钎缝与母材界面区域存在部分黑色夹杂，这是由于钎料在熔化

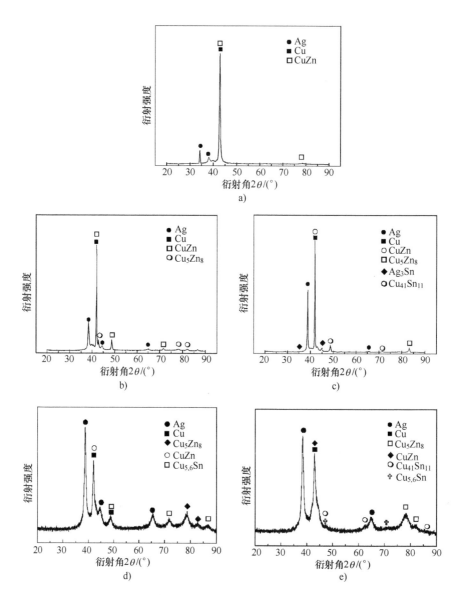

图 6-10 304 不锈钢/H62 黄铜钎焊接头钎缝区的 XRD 谱图

a）基体钎料 b）Sn 的质量分数为 4.8% 的亚稳态钎料 c）Sn 的质量分数为 6.0% 的亚稳态钎料

d）Sn 的质量分数为 4.8% 的传统钎料 e）Sn 的质量分数为 6.0% 的传统钎料

过程中出现了氧化物夹杂。

在 304 不锈钢母材一侧，304 不锈钢/H62 黄铜钎焊接头界面元素的线扫描分布如图 6-11 所示。传统钎料和亚稳态钎料钎焊接头界面元素的线扫描分布情况如下：

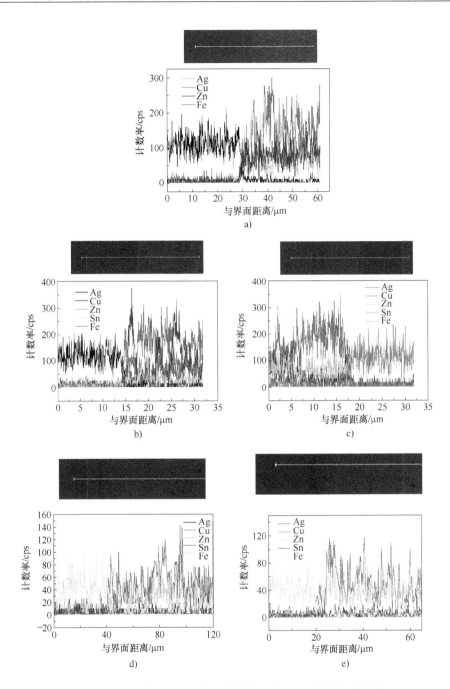

图 6-11　304 不锈钢/H62 黄铜钎焊接头界面元素的线扫描分布

a）基体钎料　b）Sn 的质量分数为 4.8% 的亚稳态钎料

c）Sn 的质量分数为 6.0% 的亚稳态钎料　d）Sn 的质量分数为 4.8% 的传统钎料

e）Sn 的质量分数为 6.0% 的传统钎料

Sn：基体钎料钎焊接头中没有 Sn，而亚稳态钎料、传统钎料钎焊接头钎缝及母材中的 Sn 发生显著变化。因为亚稳态钎料是基体钎料表面镀覆 Sn，经热扩散处理后进入基体钎料中，亚稳态钎料接头钎缝中 Sn 的分布较为均匀，在母材中含量略低。随着亚稳态钎料和传统钎料中 Sn 含量升高，Sn 的相对强度升高。

Ag：在钎缝中分布较为均匀且含量较高，在母材中含量很低。亚稳态钎料接头钎缝中 Ag 的相对强度低于基体钎料。随着亚稳态钎料中 Sn 含量升高，钎缝中 Ag 含量降低。对于传统钎料，随着 Sn 含量升高，Ag 相在钎缝组织中所占比例降低，故 Ag 的相对强度降低。

Cu：由于一侧母材为 H62 黄铜，Cu 呈阶梯变化，但含量较为均匀。对于传统钎料，随着 Sn 含量升高，富 Cu 相在钎缝组织中所占比例降低，故 Cu 的相对强度降低。

Zn：在钎缝中无显著变化且含量较高，在母材区域含量很低，几乎为零。对于传统钎料，随着 Sn 含量升高，CuZn 相在钎缝组织中所占比例降低，故 Zn 的相对强度降低。

根据图 6-11，在钎缝和母材界面区域，Ag、Cu、Zn、Sn 4 种元素的线扫描分布有重叠，说明钎料中的 Ag、Cu、Zn、Sn 4 种元素在钎缝界面区域发生了互扩散，生成界面金属间化合物，线扫描分布中还有少量来自母材的 Fe。

6.2.2 钎焊接头的力学性能

Sn 含量（质量分数）对传统钎料和亚稳态钎料连接的 304 不锈钢/H62 黄铜钎焊接头抗拉强度的影响，如图 6-12 所示。随着亚稳态钎料中 Sn 含量升高，钎焊接头的强度先逐渐升高后快速降低。在 Sn 含量相同的条件下，亚稳态钎料钎焊接头的抗拉强度略低于传统钎料钎焊接头的抗拉强度。在亚稳态钎料中 Sn 的质量分数为 6.0% 时，钎焊接头的抗拉强度最高，为 395MPa。随着亚稳态钎料中 Sn 含量升高，接头组织中富 Cu 相和 Ag 相减少，低熔点 Ag_3Sn 相和 $Cu_{41}Sn_{11}$ 相增多，钎焊接头强度升高。但随着 Sn 含量继续升高，钎焊接头组织中亚稳态相 Ag_3Sn 相和 $Cu_{41}Sn_{11}$ 相过多，使得钎焊接头的抗拉强度迅速下降。随着传统钎料中 Sn 含量升高，钎焊接头的抗拉强度也是先逐渐升高后快速降低。在传统钎料中 Sn 的质量分数为 6.0% 时，钎焊接头的抗拉强度最高，为 407MPa。随着钎料中 Sn 含量升高，钎焊接头组织中出现少量 $Cu_{5.6}Sn$ 脆性相，同时 $Cu_{41}Sn_{11}$ 相比例增加，使得钎焊接头的抗拉强度降低。

基体钎料、亚稳态钎料和传统钎料连接的不同 H62 黄铜/304 不锈钢钎焊接头的断口形貌，如图 6-13 所示。分析可知，在基体钎料钎焊接头断口观察到不

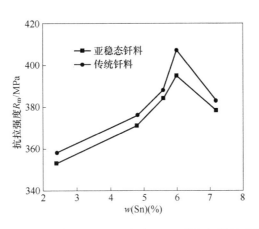

图 6-12　Sn 含量（质量分数）对 304 不锈钢/H62 黄铜钎焊接头抗拉强度的影响

同近圆形韧窝及颈缩现象，故断口为典型的韧性断裂；当亚稳态钎料中 Sn 的质量分数为 4.8%（低于 5.5%）时，接头断口呈现纤维状，断口形貌中韧窝较浅且局部有脆性断裂特征，故断口为以韧性断裂为主、脆性断裂为辅的混合断裂方式；当亚稳态钎料中 Sn 的质量分数为 6.0%（高于 5.5%）时，钎焊接头断口呈现纤维状且韧窝减少，断口形貌呈现脆性为主、韧性为辅的混合断裂特征。

根据图 6-13 可知，对于传统钎料，当钎料中 Sn 的质量分数为 4.8%（低于 5.5%）时，钎焊接头断口中韧窝较浅且局部有脆性断裂特征，故断口也呈现韧性断裂为主、脆性断裂为辅的混合断裂方式；当钎料中 Sn 的质量分数为 6.0%（高于 5.5%）时，钎焊接头断口呈现纤维状且韧窝减少，脆性相比例增加，接头断口呈现以脆性为主、韧性为辅的混合断裂特征。

Sn 含量（质量分数）对 304 不锈钢/H62 黄铜钎焊接头钎缝区域显微硬度的影响，如图 6-14 所示。与基体钎料钎焊接头钎缝区域的显微硬度相比，两类钎料钎焊接头钎缝区域的显微硬度均增高，传统钎料增高幅度偏大。随着 Sn 含量升高，亚稳态钎料接头钎缝区域的显微硬度没有显著变化，略微升高。主要原因在于，通过传统熔炼合金化方法添加 Sn，Sn 与基体钎料中的铜基固溶体发生固溶作用，引起点阵畸变，提高钎焊接头钎缝区域的显微硬度。

6.2.3　钎焊接头的局部腐蚀性能

将 Sn 的质量分数为 6.0% 的亚稳态钎料接头试样在 60℃ 的质量分数为 3.5% 的 NaCl 水溶液中浸泡 2.5h 后，发现被腐蚀的接头表面均附着一层疏松的膏状物质，在超声波清洗器中清洗 3~5min，待膏状腐蚀物清洗干净后，观察被腐蚀的接头钎缝与 304 不锈钢母材的界面形貌，如图 6-15 所示。

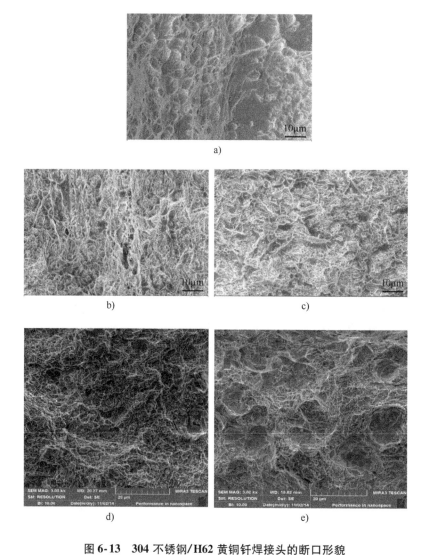

图 6-13　304 不锈钢/H62 黄铜钎焊接头的断口形貌

a）基体钎料　b）Sn 的质量分数为 4.8% 的亚稳态钎料
c）Sn 的质量分数为 6.0% 的亚稳态钎料　d）Sn 的质量分数为 4.8% 的传统钎料
e）Sn 的质量分数为 6.0% 的传统钎料

　　根据图 6-15，在 304 不锈钢母材与钎缝界面处发生了严重的腐蚀，界面出现较长的腐蚀沟。主要是因为不锈钢在腐蚀液中的缝隙腐蚀程度随钎缝面积的减小或母材裸露面积的增大而增加。钎缝区域可认为是阳极，而钎缝外母材区域可认为是阴极，故这种腐蚀影响与双金属电偶电池类似，即小阳极大阴极情况下，在一定电流下，小阳极电流密度大，因而腐蚀速度快。说明亚稳态钎料

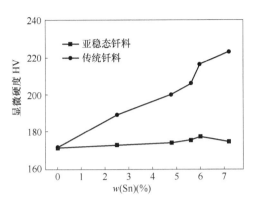

图 6-14　Sn 含量（质量分数）对 304 不锈钢/H62 黄铜钎
焊接头钎缝区域显微硬度的影响

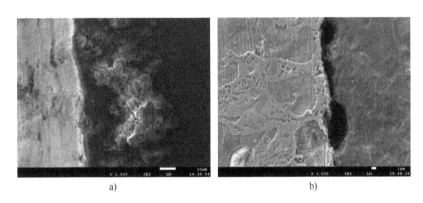

a)　　　　　　　　　　　　　　b)

图 6-15　被腐蚀的接头钎缝与 304 不锈钢母材的界面形貌

a）清洗前　b）清洗后

接头钎缝与母材界面区域是最容易被腐蚀的。

为进一步观察钎焊接头的局部腐蚀性，对 304 不锈钢/H62 黄铜钎焊接头钎缝区的腐蚀形貌进行观察，如图 6-16 所示。在钎缝区几乎无局部腐蚀缺欠，仅有一些小区域的腐蚀。这是由于钎料中各合金相在腐蚀介质中的电化学行为引起的。由于 Ag、Cu、Zn、Sn 的标准电极电位分别为 + 0.7996V，+ 0.34V，- 0.7628V，- 0.1364V，由于 Cu 具有相当正的标准电极电位，故成分选择性腐蚀先出现于 Cu 合金相，而 Cu 合金相中以 CuZn 合金最常见。而 Ag 比 Cu 具有更正的电位，故 Cu 合金相成为被优先腐蚀的组元。根据前面分析表明，Cu 合金相主要是包裹 Ag 析出相、Sn 富集相、CuZn 黄铜相的富 Cu 相。因此，钎缝中优先被腐蚀的是富 Cu 相。

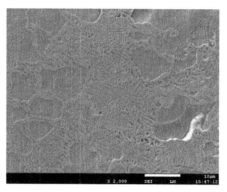

图 6-16   304 不锈钢/H62 黄铜钎焊接头钎缝区的腐蚀形貌

进一步观察不同区域 304 不锈钢母材的腐蚀形貌，如图 6-17 所示。304 不锈钢母材一侧的表面腐蚀较严重，出现大范围的坑洞、裂纹等局部腐蚀现象。这主要是 304 不锈钢在 NaCl 腐蚀液中产生点蚀现象，一般认为只有当 Cl⁻ 浓度超过溶液中某一浓度极限时发生点蚀，且该浓度极限因材料而异。Cl⁻ 浓度与点蚀电位的关系如下

$$E_b^{x^-} = a + b\lg c_{x^-} \tag{6-1}$$

式中，$E_b^{x^-}$ 为临界点蚀电位（V）；c_{x^-} 为离子浓度（mol/L）；a 和 b 的值随钢种和 Cl⁻ 浓度而定。

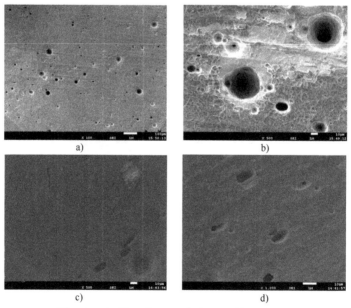

a)   b)

c)   d)

图 6-17   不同区域 304 不锈钢母材的腐蚀形貌

a) ×100   b) ×500   c) ×500   d) ×1000

因为 304 不锈钢中含有质量分数为 2.0% 的 Mn，严重降低其钝化能力和耐点蚀性能，同时 304 不锈钢中含有微量的 S（质量分数为 0.03%），Mn 与 S 容易生成 MnS 或（Mn，Fe）S_x 夹杂，成为腐蚀的主要来源。另外，304 不锈钢中的 C 以碳化物沉淀形式存在时，将使 304 不锈钢的点蚀敏感性增强。

同时，不锈钢组织中存在 MnS 夹杂物，腐蚀环境中不锈钢表面形成的钝化膜不均匀，在夹杂物区域较为薄弱。当不锈钢接头浸在腐蚀液中时，溶液中的侵蚀性阴离子（如 Cl^-）对钝化膜具有很强的"污染"作用，在钝化膜表面 Cl^- 并非全部均匀吸附，仅优先吸附钝化膜存在缺欠的区域。在侵蚀性阴离子富集于不锈钢表面某些活性点附近的溶液中，且达到一定浓度时，钝化膜中的金属离子 Me^+ 与其形成易溶的盐类或络合离子，使得自催化反应在这些局部表面阳极溶解过程中发生，直至破坏该点的钝化膜，形成孔核甚至腐蚀孔，该化学反应如下

$$MeO_{\frac{n}{2}} + nCl^- + nH^+ \rightarrow MeCl_n + \frac{n}{2}H_2O$$

在不锈钢小孔腐蚀的前提下，此时腐蚀孔内的金属表面处于活性状态，而其余表面处于钝性状态，出现局部区域表面钝性被破坏的现象。

6.3　316LN 不锈钢钎焊接头的组织和性能

6.3.1　钎焊接头的组织

图 6-18 和图 6-19 所示分别为 BAg34CuZnSn 基体钎料及其制备的 S2 型亚稳态钎料和传统钎料连接的 316LN 不锈钢钎焊接头的宏观照片和显微组织照片，

图 6-20 所示为 316LN 不锈钢钎焊接头钎缝区 的 XRD 谱 图。根据 Cu-Zn、Ag-Sn、AgCuZn 及 AgCuSn 合金相图和 XRD 谱图，可判定接头组织的物相组成。基体钎料和 Sn 的质量分数为 5.0% 的亚稳态钎料连接的接头组织主要由富 Cu 相、Ag 相、CuZn 相、Cu_5Zn_8 相组成。当亚稳态钎料中 Sn 的质量分数为 6.4% 时，接头组织主要由富 Cu 相、Ag 相、CuZn 相、Cu_5Zn_8 相、Ag_3Sn 相和 $Cu_{41}Sn_{11}$ 相组成。对于传统钎料，当 Sn 的质量分数为 5.0% 时，接头组织中主要存在富

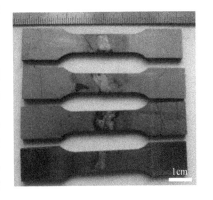

图 6-18　316LN 不锈钢钎焊接头的宏观照片

Cu 相、Ag 相、CuZn 相、Cu_5Zn_8 相和 $Cu_{5.6}Sn$ 相；当 Sn 的质量分数为 6.4% 时，接头组织主要由富 Cu 相、Ag 相及 CuZn、Cu_5Zn_8、$Cu_{41}Sn_{11}$、$Cu_{5.6}Sn$ 化合物相组成。与亚稳态钎料的物相组成不同，传统钎料接头组织中出现 $Cu_{5.6}Sn$ 脆性相，这说明升高 Sn 含量使得接头物相增多、相变复杂、脆性增强，将影响钎焊接头的力学性能。

当钎料中 Sn 含量较低时，锡青铜相分布较为均匀，所以银基固溶体相以分散的颗粒状分布，如图 6-19a 所示。亚稳态钎料钎焊接头的组织演变机理：由图 6-19 和图 6-20 可知，随着亚稳态钎料中 Sn 含量升高，钎料中银基固溶体分布发生了变化，即钎料中 Ag 基固溶体相的分布形式与钎料中 Sn 含量密切相关。随着亚稳态钎料中 Sn 含量升高，钎料熔化温度降低，使得钎焊过程中所需钎焊温度降低，钎焊结束后发生较快的冷却，在钎料凝固过程中，由于 Sn 在钎料中含量较低，随着钎焊温度降低不存在富余的 Sn 向外排出，但冷凝过程中 Ag 被排挤至边缘，与 Cu 发生共晶反应，但共晶组织中的铜基固溶体依附在先析出的富 Cu 相上，因此在锡青铜组织周围存在以离异共晶形式析出的银基固溶体。随着亚稳态钎料中 Sn 含量升高，尤其是 Sn 的质量分数超过 5.5% 后，锡青铜相的偏聚非常严重，Ag 固溶体相将聚集分布在锡青铜组织周围，致使接头组织中富 Cu 相和 CuZn 化合物相的量减少，对接头强度产生明显影响。

传统钎料钎焊接头显微组织的演变机理：AgCuZnSn 钎料内可能存在 CuSn 化合物，参考 Cu-Sn 二元合金相图可知，当凝固温度降至 798℃ 时，液相可与初始 α-Cu（其内固溶了一定的 Sn）发生包晶反应，生成 β 相，其实质为 $Cu_{5.6}Sn$ 金属间化合物；随着加热温度继续降低，β-$Cu_{5.6}Sn$ 在 586℃ 时发生 β→α + γ 的共析转变。如果在高温 β 相区淬火急冷，将出现脆硬的 β′ 马氏体非稳定相。高温下同时存在 γ 相锡青铜，温度降至 520℃ 时发生 γ→α + δ 的共析转变。δ 相主要是以 $Cu_{41}Sn_{11}$ 化合物为基的固溶体，该固溶体为复杂立方晶格相，δ 相含量较多时可能导致钎料强度降低。当 Sn 的质量分数在 5.6% ~ 6.5% 时，位于枝杈间的 Sn 达到一定量，高温 γ 相分解出（α + δ）共析体，（α + δ）相呈不规则形状。其中 δ 相中固溶了大量的 Zn，正是 δ 相产生的 CuSn 脆性相，导致钎焊接头抗拉强度降低。

由图 6-19 和图 6-20 可知，当钎料中 Sn 的质量分数高于 4.5% 时，钎缝显微组织由以下 4 部分组成：灰色的基体组织，其组成为铜基固溶体和 CuZn 化合物；针状的银基固溶体和 CuZn 化合物；大块相（银基固溶体和 CuZn 化合物）；白色颗粒状相，这种颗粒状相主要分布在块状相周围（包括晶界上的块状相及晶粒内的块状相）。由 XRD 分析结果可知，这种颗粒状相主要由银基固溶体和 Cu-Zn 化合物组成，与块状相相比，其中 Ag 含量更高。当制备 Sn 含量高的钎

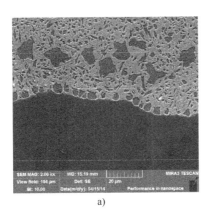

a)

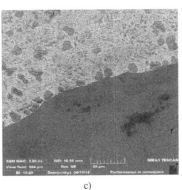

b)　　　　　　　　　　　　　　　c)

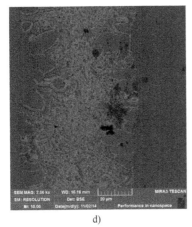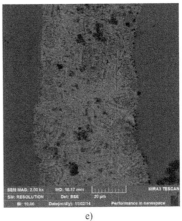

d)　　　　　　　　　　　　　　　e)

图 6-19　316LN 不锈钢钎焊接头的显微组织照片

a）Sn 的质量分数为 3.5% 的基体钎料　　b）Sn 的质量分数为 5.0% 的亚稳态钎料

c）Sn 的质量分数为 6.4% 的亚稳态钎料　　d）Sn 的质量分数为 5.0% 的传统钎料

e）Sn 的质量分数为 6.4% 的传统钎料

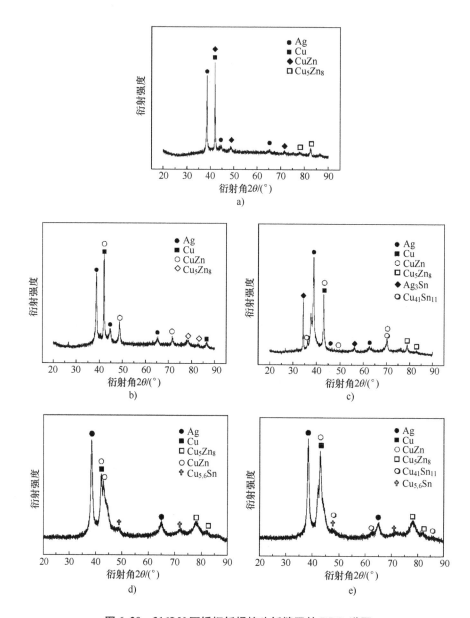

图 6-20 316LN 不锈钢钎焊接头钎缝区的 XRD 谱图

a）Sn 的质量分数为 3.5% 的基体钎料   b）Sn 的质量分数为 5.0% 的亚稳态钎料

c）Sn 的质量分数为 6.4% 的亚稳态钎料   d）Sn 的质量分数为 5.0% 的传统钎料

e）Sn 的质量分数为 6.4% 的传统钎料

料时，钎料熔化温度较低，由此发生较快的冷却作用，在强烈的非平衡凝固作用下，部分 Ag 和 Sn 包裹在初始形成的 α-Cu 中。随后在继续冷却过程中，部分块状相中发生非连续脱溶现象，多余的 Ag 和 Sn 逐渐在其外围呈颗粒状析出。

图 6-21 所示为 316LN 不锈钢钎焊接头界面元素的线扫描分布。各元素的分布情况如下：

Sn：基体钎料钎焊接头的钎缝和母材中没有 Sn，而亚稳态钎料的钎缝和母材中的 Sn 发生显著变化，因为亚稳态钎料是在基体钎料的表面镀覆一定量的 Sn，经热扩散处理后进入基体钎料中。在亚稳态钎料接头钎缝中，Sn 的分布较为均匀，在母材中含量略低。随着亚稳态钎料和传统钎料中 Sn 含量升高，Sn 的相对强度升高。

Ag：Ag 在钎缝中分布较为均匀、含量较高，在母材中含量很低，几乎为零。低温扩散后亚稳态钎料接头钎缝中 Ag 的相对强度低于基体钎料。随着亚稳态钎料中 Sn 含量升高，钎缝中 Ag 含量降低。对于传统钎料，随着 Sn 含量升高，Ag 相在钎缝组织中的比例降低，故 Ag 的相对强度降低。

Cu：Cu 呈阶梯变化，但含量较为均匀。对于传统钎料，随着 Sn 含量升高，富 Cu 相在钎缝组织中的比例降低，故 Cu 的相对强度降低。

Zn：Zn 在钎缝中无显著变化，含量较高，在母材区域含量很低，几乎为零。对于传统钎料，随着 Sn 含量升高，CuZn 相在钎缝组织中所占比例降低，故 Zn 的相对强度降低。

在钎缝和母材界面处，Ag、Cu、Zn、Sn 4 种元素的线扫描分布有重叠，这说明钎料中的 Ag、Cu、Zn、Sn 4 种元素在钎缝界面发生了互扩散，生成界面金属间化合物。

6.3.2 钎焊接头的力学性能

Sn 含量（质量分数）对 316LN 不锈钢钎焊接头抗拉强度的影响，如图 6-22 所示。随着亚稳态钎料中 Sn 含量升高，钎焊接头的抗拉强度先升高后降低。在亚稳态钎料中，当 Sn 的质量分数为 5.5% 时，钎焊接头的抗拉强度最高，为 415MPa。随着亚稳态钎料中 Sn 含量逐渐升高，接头组织中富 Cu 相和 Ag 相含量降低，而共晶组织含量升高。由于接头组织中的亚稳态相含量增加，使得钎焊接头的抗拉强度迅速降低。但在相同 Sn 含量的条件下，亚稳态钎料钎焊接头的抗拉强度略低于传统钎料钎焊接头的抗拉强度，这主要是 Sn 在两类钎料中的强化机制不同。随着传统钎料中 Sn 含量升高，钎焊接头的抗拉强度也呈现先升高后降低的趋势。在传统钎料中，当 Sn 的质量分数为 5.5% 时，钎焊接头的抗拉强度最高，为 430.5MPa。随着钎料中 Sn 含量逐渐升高，接头组织中富 Cu 相和 Ag 相的比例降低，CuSn 脆性相出现，使得钎焊接头的抗拉强度迅速降低。

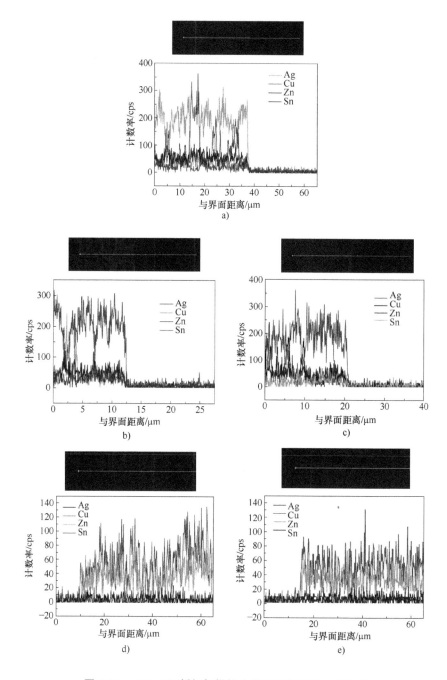

图 6-21 316LN 不锈钢钎焊接头界面元素的线扫描分布

a) Sn 的质量分数为 3.5% 的基体钎料   b) Sn 的质量分数为 5.0% 的亚稳态钎料

c) Sn 的质量分数为 6.4% 的亚稳态钎料   d) Sn 的质量分数为 5.0% 的传统钎料

e) Sn 的质量分数为 6.4% 的传统钎料

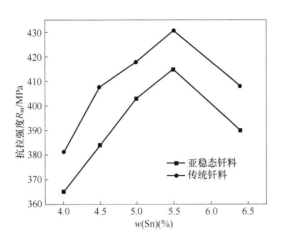

图 6-22　Sn 含量（质量分数）对 316LN 不锈钢钎焊接头抗拉强度的影响

Sn 影响钎焊接头抗拉强度的主要原因在于：

1）采用镀覆-热扩散工艺提高钎料中 Sn 含量，使得钎料固、液相线温度降低，则钎焊温度降低。因此，较低的钎焊温度使得连接界面区域母材晶粒不易粗大，同时钎焊工艺结束后快速冷却使得接头产生残余应力，增强接头的连接强度。

2）钎料内 Sn 的添加在一定程度上提高了接头的力学性能。Sn 与基体钎料可形成固溶体，由于 Sn 的原子半径较大，故 Sn 在钎料中只形成置换固溶体，而置换固溶体中由于溶质原子与溶剂原子之间存在尺寸差异，随着 Sn 的添加将引起点阵畸变。这种畸变将形成科氏气团，而科氏气团产生钉扎位错和阻碍位错滑移的作用，从而增强接头强度。

3）锡镀层通过热扩散在钎缝一侧形成固溶体层，随着锡镀层厚度的增加，钎缝中亚稳态相比例增加，导致钎焊接头强度下降。而传统钎料钎焊接头组织中存在 CuSn 脆性相，导致接头强度降低。

综合上述因素可知，当钎焊接头中 Sn 含量较低时，前两个因素占主导地位，当 Sn 的质量分数低于 5.5% 时，钎焊接头的抗拉强度升高；当钎料中 Sn 的质量分数超过 5.5% 后，脆性相的出现影响钎料的流动性，成为钎焊接头内部缺欠的主要来源，导致钎焊接头抗拉强度降低。亚稳态钎料和传统钎料连接的316LN 不锈钢钎焊接头的断口形貌如图 6-23 所示。

由图 6-23 可知，Sn 的质量分数为 3.5% 的基体钎料和 Sn 的质量分数为5.0% 的（低于 5.5%）亚稳态钎料钎焊接头断口呈现纤维状，韧窝整体大小不同且局部有脆性特征，故断口为韧性断裂为主、脆性断裂为辅的混合断裂。当

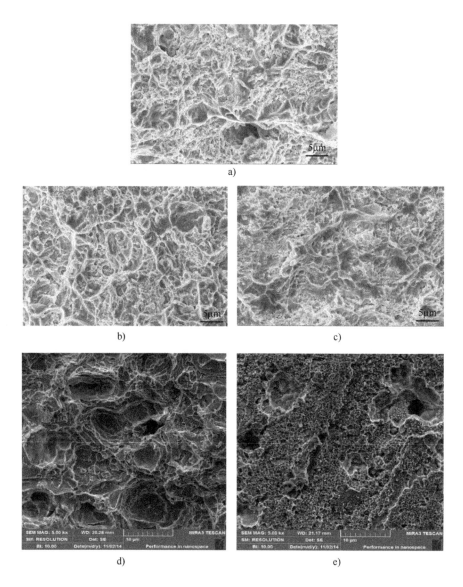

图 6-23   316LN 不锈钢钎焊接头的断口形貌

a) Sn 的质量分数为 3.5% 的基体钎料   b) Sn 的质量分数为 5.0% 的亚稳态钎料
c) Sn 的质量分数为 6.4% 的亚稳态钎料   d) Sn 的质量分数为 5.0% 的传统钎料
e) Sn 的质量分数为 6.4% 的传统钎料

亚稳态钎料中 Sn 的质量分数为 6.4%（超过 5.5%）后，钎焊接头断口中纤维状和韧窝减少，断口形貌呈现脆性为主、韧性为辅的混合断裂特征。当传统钎料中 Sn 的质量分数为 5.0%（低于 5.5%）时，钎焊接头断口呈现纤维状，韧窝整体大小不同且局部有脆性特征，故断口呈现以韧性断裂为主、脆性断裂为辅的混合断裂特征；当传统钎料中 Sn 的质量分数为 6.4%（超过 5.5%）时，316LN 不锈钢钎焊接头断口中纤维状和韧窝很少，脆性相局部聚集，断口呈现以脆性为主、韧性为辅的混合断裂特征。

分析可知，影响钎料接头断口的主要原因如下：

1）韧窝。主要是钎料中存在大量的强化相，当强化相从钎料中被拉出时，将形成大量的微小韧窝。

2）亚稳态相。从其断口形貌可知，韧窝周围的 CuSn 固溶体相和部分亚稳态相在拉伸过程中直接被拉断。当亚稳态钎料中 Sn 的质量分数低于 5.5% 时，钎焊接头的抗拉强度逐渐升高；当亚稳态钎料中 Sn 的质量分数超过 5.5% 后，接头组织中亚稳态相的比例逐渐增加，接头抗拉强度开始降低。

3）脆性相。对于传统钎料，采用熔炼合金化方法加 Sn 后，制备的 AgCuZnSn 钎料中出现 $Cu_{5.6}Sn$ 脆性相。随着钎料中 Sn 含量逐步升高，$Cu_{5.6}Sn$ 脆性相在钎缝中所占比例增加，使得接头抗拉强度降低。

4）母材。当钎焊温度升高时，316LN 不锈钢中的 Fe 和 Cr 在液态钎料中的溶解度增大，使得固溶强化作用增强，提高钎焊接头的抗拉强度。不锈钢钎焊接头的强度主要决定于晶界强度。高温环境中，位错的移动几乎完全依靠原子的扩散作用，同时接头钎缝区域的原子扩散运动加快，使得晶界强度快速下降，钎焊接头强度随之降低。

Sn 含量（质量分数）对 316LN 不锈钢钎焊接头钎缝区域显微硬度的影响，如图 6-24 所示。随着钎料中 Sn 含量升高，两类钎焊接头钎缝区域显微硬度均增高，传统钎料增高幅度偏大。

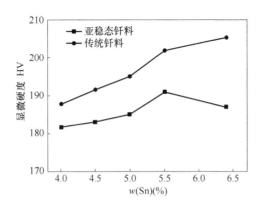

图 6-24　Sn 含量（质量分数）对 316LN 不锈钢钎焊接头钎缝区域显微硬度的影响

随着 Sn 含量升高，亚稳态钎料钎焊接头钎缝区域的显微硬度没有发生显著变化，略微升高。主要原因在于通过传统熔炼合金化方法添加 Sn，Sn 与基体钎料中的铜基固溶体可固溶，引起点阵畸变，产生硬脆相，提高钎焊接头钎缝区域的显微硬度。

6.3.3　钎焊接头的局部腐蚀性能

试样在 60℃ 的质量分数为 3.5% 的 NaCl 水溶液中浸泡 4h 后，发现 316LN 不锈钢钎焊接头试样表面均黏附一层疏松的膏状物质，利用超声波清洗器对其进行清洗。待膏状物质清洗干净后，借助扫描电子显微镜观察接头的腐蚀形貌，如图 6-25 所示。在 316LN 不锈钢母材与钎缝界面处发生了较严重的腐蚀，界面出现腐蚀沟。原因在于：采用 Ag 基钎料连接 316LN 不锈钢时，液态钎料在钎焊工艺结束冷却的过程中凝固结晶，不锈钢中含有 C，而晶界附近非金属原子扩散速度较快，使得 C 和晶界附近的 Cr 生成碳化物，导致 Cr 含量降低。因为银基钎料中 Cr 的扩散速度非常慢，通过扩散在很短的时间内很难补充碳化物产生的晶界贫 Cr，所以钎焊工艺结束后晶界附近出现贫 Cr 区。该贫 Cr 区使得晶界区域的电位降低，腐蚀介质中钝性状态的晶界转为活性状态，晶内仍为钝性状态，其电位比晶界区域高，使得晶内、晶界构成微电池，从而导致钎缝与母材界面区域被腐蚀。

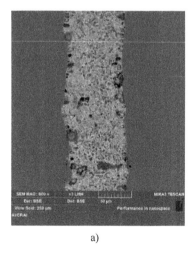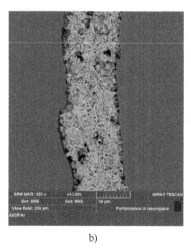

a)　　　　　　　　　　　　　　　b)

图 6-25　亚稳态钎料钎焊 316LN 不锈钢接头的腐蚀形貌

a) Sn 的质量分数为 5.0%　b) Sn 的质量分数为 6.4%

为进一步观察 316LN 不锈钢母材与钎缝界面的腐蚀沟，对钎焊接头界面的腐蚀形貌进行观察，如图 6-26 所示。两种钎焊接头均在钎缝及钎缝与母材界面处发生腐蚀,出现小区域的腐蚀坑洞,其腐蚀深度较浅;而316LN不锈钢母材上几乎无腐蚀缺陷(表面没有出现坑洞、裂纹等),说明钎缝及界面区域是钎焊接头耐蚀性的薄弱环节。钎焊接头母材与钎缝界面出现腐蚀沟,原因在于:质量分数为3.5%的NaCl水溶液属于强电解质溶液,亚稳态钎料在NaCl水溶液中的腐蚀属于电化学腐蚀。在金属电化学腐蚀中,金属电极电位的正负程度是金属腐蚀可能性大小的热力学判据。

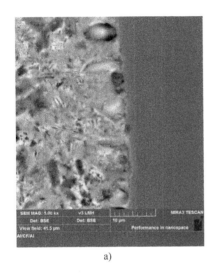
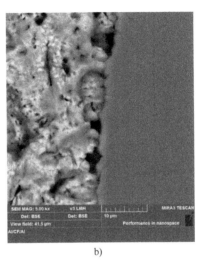

a)　　　　　　　　　　　　　　　　b)

图 6-26　亚稳态钎料钎焊 316LN 不锈钢接头界面的腐蚀形貌

a) Sn 的质量分数为 5.0%　　b) Sn 的质量分数为 6.4%

Fonatna 和 Greene 等分析认为,当钎焊接头浸在 NaCl 溶液中,开始阶段,母材中金属 M 发生的阳极溶解反应($M \rightarrow M^{2+} + 2e$)和阴极还原反应($O_2 + 2H_2O + 4e \rightarrow 4OH^-$)均匀地发生在包括钎缝界面在内的整个金属界面上。在金属和溶液中电荷是守恒的。每产生一个电子,就和氧发生还原反应。同样,溶液中的每一个金属离子,相应地产生两个 OH^-。腐蚀一定时间后,钎缝内的 O_2 由于对流不畅被贫化了,因此在该部分区域内 O_2 的还原停止。这样钎缝内外腐蚀率保持平等。贫 O_2 对钎缝有很大影响。O_2 消耗完之后,氧化还原反应不再发生,然而金属还在继续溶解,在溶液中产生过多的正电荷,为保持电荷平衡,迁移性大的阴离子开始借电泳作用大量迁移进入钎缝界面。钎缝界面附近氯化物的浓度升高,使得钎缝界面附近的腐蚀产物水解生成无保护性的不溶性氧化物和游离酸。这样,钎缝内溶液的酸化作用和高 Cl^- 浓度,加速了钎缝界面的溶解速度,当钎缝内腐蚀程度增加时,临近界面 O_2 的还原速度加快,使得母材表面得到阴极保护,可能发生腐蚀的位置被母材所屏蔽,316LN 母材很少甚至不被损坏。

当两种不同金属材料浸在电解液中，由于活性不同、与极性水分子的结合力不同、使得材料与溶液界面间的电荷迁移量不同，二者间的电极电位存在差异，若彼此接触，电位差将驱动电子由低电位材料向高电位材料流动。另外，金属材料和溶液界面发生电化学反应，低电位材料表面发生氧化反应，该电极为阳极；同时高电位材料表面发生还原反应，该电极为阴极。故两种不同金属材料接触的界面易发生电偶腐蚀。对于本试验来说，主要在316LN钎焊接头钎缝与母材界面处发生电偶腐蚀。亚稳态钎料与316LN不锈钢的成分差别较大，在亚稳态钎料钎焊的不锈钢接头浸入NaCl水溶液中时，钎缝与母材界面附近产生电位差，造成界面处的电偶腐蚀。

根据式（2-6）和式（2-7）对试验数据进行分析，结果见表6-1和如图6-27所示。316LN不锈钢母材在腐蚀5h后的平均局部腐蚀速率为$0.190g/m^2 \cdot h$，钎缝的平均局部腐蚀速率为$0.202g/m^2 \cdot h$。说明钎缝的腐蚀速率略大于母材的腐蚀速率。这是因为母材的自腐蚀电位为$-0.605V$，而钎缝的自腐蚀电位为$-0.3V$。钎缝的腐蚀电位比母材高，因而母材的耐蚀性高于钎缝。初始阶段钎缝和母材的腐蚀速率缓慢升高，原因在于形成了增厚的表面氧化膜，同时侵蚀性阴离子Cl^-造成点蚀缺欠。随着表面氧化膜的厚度不断增加，侵蚀性Cl^-的穿透作用减弱，因此腐蚀初始阶段，钎缝和母材的腐蚀速率缓慢升高。

表6-1 316LN不锈钢母材和钎缝的腐蚀速率

腐蚀时间/h	母材腐蚀速率/$(g/m^2 \cdot h)$	钎缝腐蚀速率/$(g/m^2 \cdot h)$
1	0.165	0.177
2	0.178	0.189
3	0.221	0.235
4	0.204	0.219
5	0.183	0.191

然而，随着局部腐蚀时间的延长，电化学反应阳极不仅发生活化溶解，还存在耐腐蚀部位的基蚀，产生未溶解的金属微粒或粉尘的脱落，使得腐蚀速率快速递增。在钎缝和母材表面产生的腐蚀产物对基材起保护作用时，腐蚀失重现象开始弱化。从电化学反应的角度分析，溶液中的侵蚀性Cl^-破坏$Ag(OH)_2$、$Cu(OH)_2$、$Zn(OH)_2$氧化膜，新的钎料被暴露在溶液中，为后续电化学反应提供新的活性中心，使得新的钎料表面发生局部腐蚀。随着腐蚀浸泡时间延长，不溶性腐蚀物质将阻碍离子的迁移，使得腐蚀速率降低。

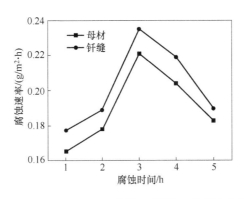

图 6-27　腐蚀时间对 316LN 不锈钢母材和钎缝腐蚀速率的影响

6.4　亚稳态钎料钎焊碳钢接头的组织和性能

6.4.1　亚稳态钎料中 Sn 含量对钎焊接头组织性能的影响

由基体 BCu68Zn 钎料和 Sn 的质量分数为 2.4% 的亚稳态 BCu68ZnSn 钎料钎焊接头的金相组织（见图 6-28）可以看出，基体 BCu68Zn 钎料钎缝为单相 α 固溶体组织（亮白色），而 Sn 的质量分数为 2.4% 的亚稳态 BCu68ZnSn 钎料钎缝组织主体为 α + β 相。从基体 BCu68Zn 钎料钎焊接头的线扫描图（见图 6-29）可以看出，Cu、Zn 较均匀地分布于钎缝中，少量的 Cu、Zn 向 Q235 钢基体中扩散，也有少量的 Fe 向钎缝中扩散。从 Sn 的质量分数为 2.4% 的亚稳态 BCu68ZnSn 钎料钎焊接头的点扫描图（见图 6-30）及对应的元素百分比（见表 6-2）可以看出，Sn 仅存在于 β 相（暗黑色）组织中，通常以 $Cu_{17}Sn_3$、$Cu_{10}Sn_3$、$Cu_{41}Sn_{11}$、Cu_3Sn、Cu_6Sn_5 等化合物的形式存在。

亚稳态 BCuZnSn 钎料中 Sn 含量对钎焊接头抗拉强度的影响如图 6-31 所示。基体 BCu68Zn 钎料钎焊接头的抗拉强度为 318MPa，随着亚稳态钎料中 Sn 含量的增加，钎焊接头的抗拉强度最大为 344MPa，此时亚稳态钎料中 Sn 的质量分数为 1.6%，之后随着亚稳态钎料中 Sn 含量的增加，钎焊接头的抗拉强度逐渐降低。原因在于：Sn 的原子半径较大，当 Sn 含量较低时，可以固溶于基体 α 相，起着固溶强化的作用；Sn 在 α 相中的溶解度较小，随着 Sn 含量升高，Sn 与 Cu 形成脆性化合物并分布于塑性较差的 β 相或塑性极差的 γ 相中，导致钎焊接头抗拉强度降低。

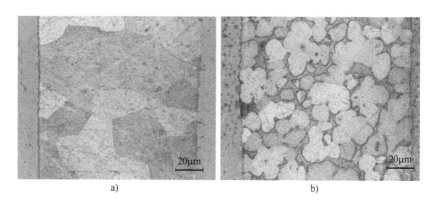

图 6-28 基体 BCu68Zn 钎料和 Sn 的质量分数为 2.4% 的
亚稳态 BCu68ZnSn 钎料钎焊接头的金相组织

a) 基体 BCu68Zn 钎料 b) Sn 的质量分数为 2.4% 的亚稳态 BCu68ZnSn 钎料

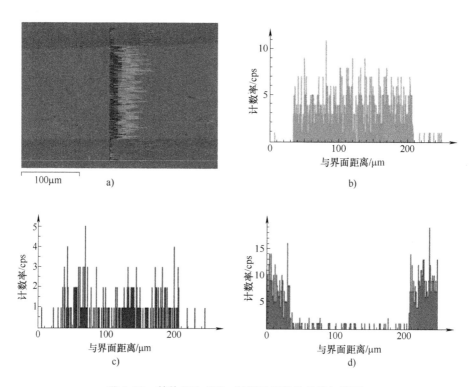

图 6-29 基体 BCu68Zn 钎料钎焊接头的线扫描图

a) 电子图像 b) Cu Kα1 c) Zn Kα1 d) Fe Kα1

注：Kα1 是指 L 层电子跃迁到激发态的 K 层。

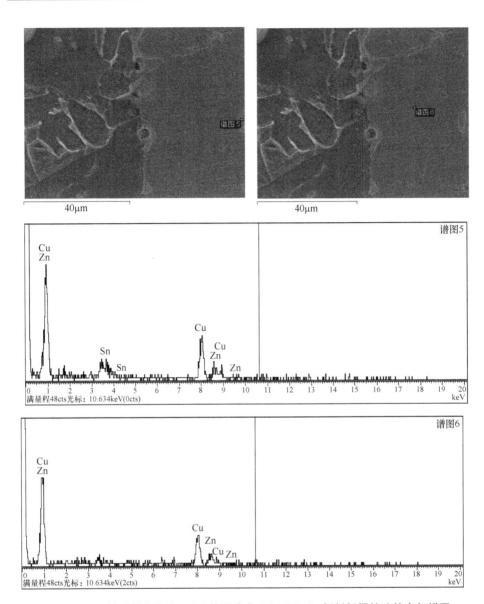

图 6-30 Sn 的质量分数为 2.4% 的亚稳态 BCu68ZnSn 钎料钎焊接头的点扫描图

表 6-2 图 6-30 中对应的元素百分比

元素	质量分数（%）	摩尔分数（%）	元素	质量分数（%）	摩尔分数（%）
Cu K	65.78	69.64	Cu K	76.93	77.43
Zn K	23.72	24.41	Zn K	23.07	22.57
Sn L	10.50	5.95	总量	100.00	

注：K、L 分别表示 K 层、L 层。

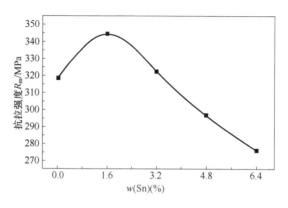

图 6-31 亚稳态 BCuZnSn 钎料中 Sn 含量（质量分数）对钎焊接头抗拉强度的影响

基体 BCu68Zn 钎料和 Sn 的质量分数为 4.8% 的亚稳态 BCuZnSn 钎料钎缝的断口形貌如图 6-32 所示。基体 BCu68Zn 钎料钎缝断口形貌中有大量的韧窝出现，为韧性断裂，这是因为基体 BCu68Zn 钎料为单相 α 固溶体组织，塑性较好；而含锡量为 4.8% 的亚稳态 BCuZnSn 钎料钎缝断口形貌以河流花样为主，可以看到有少量细小的韧窝，为韧-脆混合型断口，以脆性断裂为主，这是因为 Sn 含量在亚稳态 BCuZnSn 中较高时，通常固溶于 α 相中、以脆性化合物的形式分布于塑性较差的 β 相或 γ 相中。

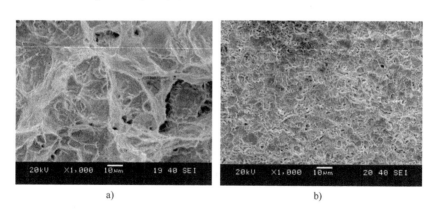

a)   b)

**图 6-32 基体 BCu68Zn 钎料和 Sn 的质量分数为 4.8% 的
亚稳态 BCuZnSn 钎料钎缝的断口形貌**

a）基体 BCu68Zn 钎料 b）Sn 的质量分数为 4.8% 的亚稳态 BCuZnSn 钎料

6.4.2 亚稳态钎料与传统钎料的熔化特性和润湿性对比

Sn 的质量分数为 3.6% 的传统钎料与亚稳态钎料的 DSC 曲线对比图，如

图 6-33 所示。表 6-3 为传统钎料与亚稳态钎料吸热峰特征点的温度。在亚稳态钎料的 DSC 曲线中，随着温度的升高，在 226.2℃出现第 1 个吸热峰，这是由于亚稳态表面低熔点 Sn 的熔化造成的；在 915.3℃出现第 2 个吸热峰，合金由固相转变为液相，固-液相线温度区间为 23.5℃。传统钎料的 DSC 曲线只有唯一的吸热峰，对应的峰值温度为 917.5℃，固-液相线温度区间为 13.2℃。由此可见，Sn 含量相同的传统钎料与亚稳态钎料的熔化温度相差不大，只是亚稳态钎料在熔化过程中会出现钎料表面低熔点的 Sn 首先熔化的情况，但这基本不影响合金钎料的熔化温度；对比两者的固-液相线温度区间，传统钎料的固-液相线温度区间明显低于亚稳态钎料的固-液相线温度区间，这可能由于传统钎料组织相对于亚稳态钎料组织比较均匀，而在亚稳态钎料的熔化过程中 Sn 要不断溶于 Cu-Zn 合金中，最后形成均匀的 Cu-Zn-Sn 合金。

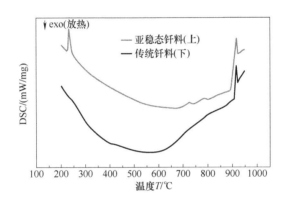

图 6-33　Sn 的质量分数为 3.6% 的传统钎料与亚稳态钎料的 DSC 曲线对比图

表 6-3　传统钎料与亚稳态钎料吸热峰特征点的温度

钎料类型	固相线点 T_s/℃	峰值温度 T_p/℃	液相线点 T_L/℃	固-液相线区间 ΔT/℃
传统钎料	908.2	917.5	921.4	13.2
亚稳态钎料	897.1	915.3	920.6	23.5

同成分的亚稳态 BCuZnSn 钎料与传统 BCuZnSn 钎料的润湿性对比，如图 6-34 所示。随着 Sn 含量的增加，亚稳态 BCuZnSn 钎料与传统 BCuZnSn 钎料的润湿铺展面积均增加。原因在于 Sn 降低了钎料的熔化温度，在加热温度一定的情况下，熔化温度越低的钎料，其液态钎料的过热度越大，黏度越低，润湿铺展面积越大。在相同 Sn 含量、相同加热温度及相同时间下，传统 BCuZnSn 钎料的润湿铺展面积要大于亚稳态 BCuZnSn 钎料，原因在于测量钎料的润湿性时加热

温度较短，这就使亚稳态 BCuZnSn 钎料不能完全合金化，组织中还存在部分高熔点相，从而影响钎料的黏度及流动铺展性；而传统 BCuZnSn 钎料组织比较均匀，熔化过程中黏度较小，流动铺展性较好。

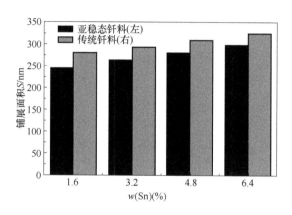

图 6-34 同成分的亚稳态 BCuZnSn 钎料与传统 BCuZnSn 钎料的润湿性对比

6.4.3 亚稳态钎料与传统钎料的钎缝组织性能对比

Sn 的质量分数为 3.2% 的亚稳态钎料钎缝组织及局部放大图如图 6-35 所示，其主体为颜色较轻的 α 相和颜色较重的 β 相，还含有少量的以带状形式分布在 α 相周围的 γ 相。Sn 的质量分数为 3.2% 的传统钎料钎缝组织及局部放大图如图 6-36 所示，其主体为颜色较轻的 α 相和颜色较重的 β 相，还含有少量的以带状形式分布在 β 相周围的 γ 相，其中 α 相组织较亚稳态组织粗大。钎焊接头形成时间很短，亚稳态钎料在熔化过程中，Sn 仅有少量固溶于 α 相和 β 相，大量的 Sn 以 γ 相形式存在于 α 相周围。传统钎料的组织成分相对来说比较均匀，Sn 充分固溶于 α 相和 β 相，剩余的少量 Sn 以 γ 相形式存在于 β 相周围或者 α 相相界处。

Sn 含量对亚稳态 BCu68ZnSn 钎料与传统 BCuZnSn 钎料体系钎焊接头抗拉强度的影响，如图 6-37 所示。随着 Sn 含量的升高，两者钎焊接头的抗拉强度均有先升高后降低的趋势，但是对于相同 Sn 含量的条件下，传统钎料钎焊接头的抗拉强度稍高于亚稳态钎料钎焊接头的抗拉强度。这是因为钎焊接头的形成时间很短，对于 Sn 含量较高的亚稳态钎料，表面的 Sn 无法充分固溶于 α 相和 β 相，大量的 Sn 形成极脆的 γ 相分布于 α 相和 β 相的相界面，造成钎焊接头强度有所降低；传统钎料的组织成分比较均匀，Sn 充分固溶于 α 相和 β 相，强化了 α 相和 β 相，只有少量的 Sn 形成 γ 相。

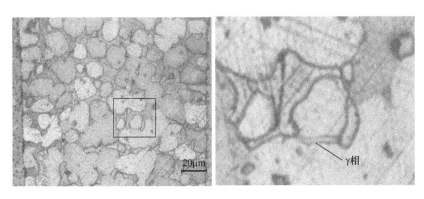

图 6-35 Sn 的质量分数为 3.2% 的亚稳态钎料钎缝组织及局部放大图

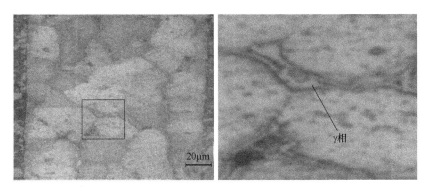

图 6-36 Sn 的质量分数为 3.2% 的传统钎料钎缝组织及局部放大图

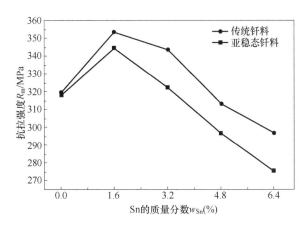

图 6-37 Sn 的质量分数对亚稳态钎料与传统钎料钎焊接头抗拉强度的影响

131

6.5 本章小结

本章主要开展亚稳态钎料钎焊接头的组织和性能研究，探讨化学镀—热扩散组合工艺制备的亚稳态钎料火焰钎焊 H62 黄铜、电镀—热扩散组合工艺制备的亚稳态钎料感应钎焊 H62 黄铜/304 不锈钢和 316LN 不锈钢 3 种钎焊接头的组织和性能，并与同等 Sn 含量的传统钎料钎焊接头组织、性能进行对比。同时考察钎焊接头的耐蚀性及亚稳态 CuZnSn 钎料连接碳钢接头的微观组织和力学性能，具体结论如下：

1）用亚稳态钎料对 H62 黄铜进行火焰钎焊连接。研究发现，随着 Sn 含量升高，亚稳态钎料钎焊接头的抗拉强度增高。相同 Sn 含量的亚稳态钎料钎焊接头的抗拉强度略低于传统钎料钎焊接头的抗拉强度。在 Sn 的质量分数为 2.5%（低于 5.5%）时，亚稳态钎料钎焊接头组织主要由富 Cu 相、Ag 相、CuZn 相、Cu_5Zn_8 相组成，而传统钎料钎焊接头组织主要由富 Cu 相、富 Ag 相、CuZn 相、Cu_5Zn_8 相、$Cu_{5.6}Sn$ 相组成。此时亚稳态钎料钎焊接头的抗拉强度为 352MPa，略低于传统钎料钎焊接头的抗拉强度（373MPa）。断口分析表明，传统钎料钎焊接头的断口呈现以韧性断裂为主、脆性断裂为辅的混合断裂特征，亚稳态钎料钎焊接头的断口为典型的韧性断裂。

2）基于亚稳态钎料的 H62 黄铜/304 不锈钢感应钎焊接头的组织和性能研究。研究认为，随着 Sn 含量升高，亚稳态钎料钎焊接头的抗拉强度先升高后降低，同等 Sn 含量的亚稳态钎料钎焊接头的抗拉强度略低于传统钎料钎焊接头的抗拉强度。在 Sn 的质量分数为 4.8%（低于 5.5%）时，亚稳态钎料钎焊接头的组织主要由富 Cu 相、Ag 相、CuZn 相、Cu_5Zn_8 相组成，而传统钎料钎焊接头的组织主要由富 Cu 相、富 Ag 相、CuZn 相、Cu_5Zn_8 相、$Cu_{5.6}Sn$ 相组成。当 Sn 的质量分数为 6.0%（高于 5.5%）时，亚稳态钎料钎焊接头的组织主要由富 Cu 相、Ag 相、CuZn 相、Cu_5Zn_8 相、$Cu_{41}Sn_{11}$ 相及亚稳态 Ag_3Sn 相组成，而传统钎料钎焊接头的组织主要由富 Cu 相、Ag 相、CuZn 相、Cu_5Zn_8 相、$Cu_{41}Sn_{11}$ 相、$Cu_{5.6}Sn$ 相组成，此时亚稳态钎料钎焊接头的抗拉强度为 395MPa，略低于传统钎料钎焊接头的抗拉强度（407MPa）。断口分析表明，当 Sn 的质量分数为 4.8%时，传统钎料和亚稳态钎料钎焊接头的断口均呈现以韧性为主、脆性为辅的混合断裂特征；当 Sn 的质量分数为 6.0%时，传统钎料和亚稳态钎料钎焊接头的断口均呈现以脆性为主、韧性为辅的混合断裂特征。Sn 的质量分数为 6.0%的亚稳态钎料钎焊接头在质量分数为 3.5%的 NaCl 水溶液中浸泡 2.5h 后，由于 304 不锈钢在腐蚀液中的缝隙腐蚀程度随着钎缝面积的减小而增加，使得

钎缝界面处发生严重腐蚀，出现区域较长的腐蚀沟。

3）采用亚稳态钎料对 316LN 不锈钢进行感应钎焊连接。研究发现，随着 Sn 含量升高，亚稳态钎料钎焊接头的抗拉强度先升高后降低，与同等 Sn 含量的传统钎料钎焊接头的抗拉强度相比，亚稳态钎料钎焊接头的抗拉强度略低。在 Sn 的质量分数为 5.0%（低于 5.5%）时，亚稳态钎料钎焊接头的组织主要由富 Cu 相、Ag 相、CuZn 相、Cu_5Zn_8 相组成，而传统钎料钎焊接头的组织主要由富 Cu 相、富 Ag 相、CuZn 相、Cu_5Zn_8 相、$Cu_{5.6}Sn$ 相组成。在 Sn 的质量分数为 6.4%（高于 5.5%）时，亚稳态钎料钎焊接头的组织主要由富 Cu 相、Ag 相、CuZn 相、Cu_5Zn_8 相、$Cu_{41}Sn_{11}$ 相及亚稳态 Ag_3Sn 相组成，而传统钎料钎焊接头的组织主要由富 Cu 相、Ag 相、CuZn 相、Cu_5Zn_8 相、$Cu_{41}Sn_{11}$ 相和 $Cu_{5.6}Sn$ 相组成。在 Sn 的质量分数为 5.5% 时，亚稳态钎料钎焊接头的抗拉强度为 415MPa，略低于传统钎料钎焊接头的抗拉强度（430.5MPa）。断口分析表明，在 Sn 的质量分数为 5.0% 时，传统钎料和亚稳态钎料钎焊接头的断口呈现以韧性为主、脆性为辅的混合断裂特征；在 Sn 的质量分数为 6.4% 时，两类钎料钎焊接头的断口均呈现以脆性为主、韧性为辅的混合断裂特征。随着 Sn 含量升高，亚稳态钎料和传统钎料钎焊接头钎缝区域的显微硬度均增高，传统钎料增高的幅度较大。将 Sn 的质量分数为 5.0% 和 Sn 的质量分数为 6.4% 的亚稳态钎料钎焊接头在质量分数为 3.5% 的 NaCl 水溶液中浸泡 4h 后，316LN 不锈钢钎焊接头界面附近发生电偶腐蚀，主要原因是 316LN 不锈钢与钎料的成分差别大，在接头界面附近产生电位差。

4）基体 BCu68Zn 钎料钎缝为单相 α 固溶体组织，而 Sn 的质量分数为 2.4% 的亚稳态 BCu68ZnSn 钎料钎缝为 α + β 双相组织。亚稳态 BCuZnSn 钎料钎焊接头的抗拉强度先升高后降低，在 Sn 的质量分数为 1.6% 时，最高达到 344.53MPa，而后逐渐降低。基体 BCu68Zn 钎料钎缝的断口形貌中有大量的韧窝出现，为韧性断裂；Sn 的质量分数为 4.8% 的亚稳态 BCuZnSn 钎料钎缝的断口形貌以河流花样为主，可以看到有少量细小的韧窝，为韧-脆混合型断口，以脆性断裂为主。亚稳态 BCuZnSn 钎料与传统 BCuZnSn 钎料的润湿铺展面积随着 Sn 的质量分数的升高均增加，Sn 的质量分数为 3.2% 的亚稳态钎料钎缝组织主体为颜色较轻的 α 相和颜色较重的 β 相，还含有少量的以带状形式分布在 α 相周围的 γ 相；亚稳态 BCu68ZnSn 钎料与传统 BCuZnSn 钎料钎焊接头的抗拉强度随着 Sn 含量的升高均有先升高后降低的趋势，但相同 Sn 含量的条件下，亚稳态钎料钎焊接头的抗拉强度较低。

第 7 章

亚稳态钎料的热力学特性

研究钎料的润湿性、熔化温度区间及钎焊接头的组织性能，传统方法均是采用熔炼、浇铸、机械加工的工序添加金属组元，进行大量的钎焊工艺摸索，从而得到钎料最佳性能的组分，这样既不能提高制备高品质钎料的效率，又浪费大量的人力、物力。钎料的润湿性、熔化温度区间与钎料熔化温度密切相关，钎焊接头性能与钎料钎焊温度相关，而钎料的钎焊温度根据钎料熔化温度来确定。总之，钎料的润湿性、熔化温度区间及钎焊接头性能均与钎料熔化温度相关。

钎料熔化温度区间是确定钎料熔化温度和钎焊温度的重要依据，因此钎料的熔化特性是钎料的重要物性之一。而钎料的熔化温度与其热力学特性密切相关，采用热分析技术确定钎料熔化温度，在计算机控制温度的前提下，通过测定升温或降温过程中钎料的重量和能量变化，来分析钎料熔化特性及其变化。但是钎料的熔化特性不仅表现为熔化温度区间，其相变过程较为复杂。热分析动力学作为分析合金晶型转变和相变过程的重要方法，特别是 DSC 技术已广泛用于多种合金相变热分析动力学特性的研究，通过分析钎料的相变热分析动力学，为研究钎料的熔化特性、相变过程提供了科学依据。

本章主要研究亚稳态钎料的热力学特性，首先采用热分析动力学中的非等温微分法和积分法两种数学方法，来分析亚稳态钎料的相变热分析动力学特性。其次提出亚稳态钎料钎焊工艺性和钎焊接头力学性能的定量表征方法，并与第5 章、第 6 章的试验结果进行对比。这些研究为探索钎料性能的内在规律、预测钎料性能的变化趋势、研究钎料钎焊工艺性和接头性能提供了一种新思路，具有重要的理论意义。

7.1 钎料熔化特性的热力学分析

DSC 曲线上的数据主要表示钎料熔化过程中发生的焓变，用 dH_t/dt 表示。

α、H_t、H 分别表示钎料由固态向液态转变的反应分数、钎料在 t 时刻的吸收热、反应完成后钎料总的吸收热，钎料由固态向液态转变的反应分数 α 等于钎料在 t 时刻的吸收热与反应完成后钎料总的吸收热的比值，即 $\alpha = H_t/H$。曲线上 H 表示 DSC 曲线下的总面积，H_t 表示 DSC 曲线下 t 时刻的瞬时面积。利用 Proteus 软件分析 BAg50CuZn 钎料制备的 S1 型亚稳态钎料和传统钎料的凝固温度 T_s、总吸收热 H 和活化能，见表 7-1 和表 7-2。

表 7-1　S1 型亚稳态钎料的凝固温度、总吸收热和活化能

Sn 的质量分数 w_{Sn}（%）	固相温度 T_s	总吸收热 $H/(J/g)$	活化能 $E/(kJ/mol)$	幂指数 n
2.4	667	30.83	346.15	0.016
4.8	659	14.52	379.72	0.037
5.6	656	10.8	528.87	0.208
6.0	652	8.8	529.80	1.016
7.2	643	23.01	555.55	0.904

表 7-2　S1 型传统钎料的凝固温度、总吸收热和活化能

Sn 的质量分数 w_{Sn}（%）	固相温度 T_s	总吸收热 $H/(J/g)$	活化能 $E/(kJ/mol)$	幂指数 n
2.4	666	16.5	155.91	0.516
4.8	656	11.92	232.83	0.681
5.6	651	8.813	266.38	0.482
6.0	648	8.077	289.00	1.186
7.2	642	7.155	364.45	1.027

BAg50CuZn 基体钎料以电镀—热扩散组合工艺制备的 S1 型亚稳态钎料和传统钎料由固态向液态转变的反应分数 α 随温度的变化规律，如图 7-1 所示。根据图 7-1，随着 Sn 含量升高，S1 型亚稳态钎料和传统钎料的反应分数曲线越来越笔直。说明升高 Sn 含量可降低亚稳态钎料和传统钎料的固、液相线温度，缩小熔化温度区间，有利于钎料由熔融态转变为固态。

7.1.1　非等温微分法

若反应过程的机理方程为

$$\frac{d\alpha}{dt} = kf(\alpha) \tag{7-1}$$

式中，$f(\alpha)$ 为不同机理函数；k 为反应速率常数。

用阿伦尼乌斯方程表示为

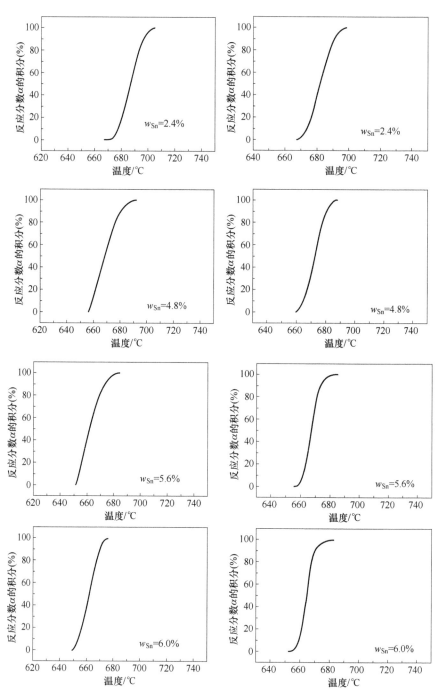

图 7-1　S1 型亚稳态钎料和传统钎料由固态向液态转变的反应分数随温度的变化规律
注：左列为传统钎料；右列为亚稳态钎料。

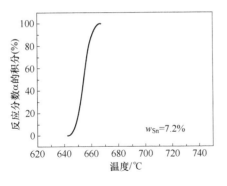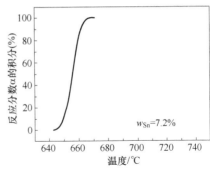

图 7-1　S1 型亚稳态钎料和传统钎料由固态向液态转变的反应分数随温度的变化规律（续）

注：左列为传统钎料；右列为亚稳态钎料。

$$k = Z\exp\left(-\frac{E}{RT}\right) \tag{7-2}$$

式中，E 为活化能；Z 为指前因子；R 为气体常数 $[8.3145J/(mol \cdot K)]$；T 为热力学温度。

对于非等温反应过程，假设 DSC 测定的初始温度为 T_0，升温速率为 β，则 t 时刻的反应温度为

$$T = T_0 + \beta t \tag{7-3}$$

联立式（7-1）~式（7-3），则

$$\frac{d\alpha}{dT} = \frac{Z}{\beta}\exp\left(-\frac{E}{RT}\right)f(\alpha) \tag{7-4}$$

如果不同反应过程的微分机理函数 $f(\alpha) = (1-\alpha)^n$，n 为机理函数幂指数，对式（7-4）取对数、微分，得

$$\frac{\Delta\lg\left(\frac{d\alpha}{dT}\right)}{\Delta\lg(1-\alpha)} = -\frac{E}{2.303R}\left[\frac{\Delta\left(\frac{1}{T}\right)}{\Delta\lg(1-\alpha)}\right] + n \tag{7-5}$$

式（7-5）为著名的 Freeman-Carroll 方程，采用 Origin 软件将 $\Delta\lg(d\alpha/dT)/\Delta\lg(1-\alpha)$ 和 $\Delta(1/T)/\Delta\lg(1-\alpha)$ 数据进行线性拟合，根据直接斜率和截距可求得 E 和 n。

根据图 7-1 中 S1 型亚稳态钎料和传统钎料的反应分数积分曲线，将 S1 型亚稳态钎料和传统钎料的 DSC 曲线（见图 5-2）与其反应分数积分曲线的温度数据从固相线温度开始，步长为 0.5℃，由不同温度对应的 α 和 DSC 值，采用式（7-5）进行拟合，结果如图 7-2 所示。根据拟合结果求得 S1 型亚稳态钎料和传统钎料相变过程的活化能和幂指数，见表 7-1 和表 7-2。

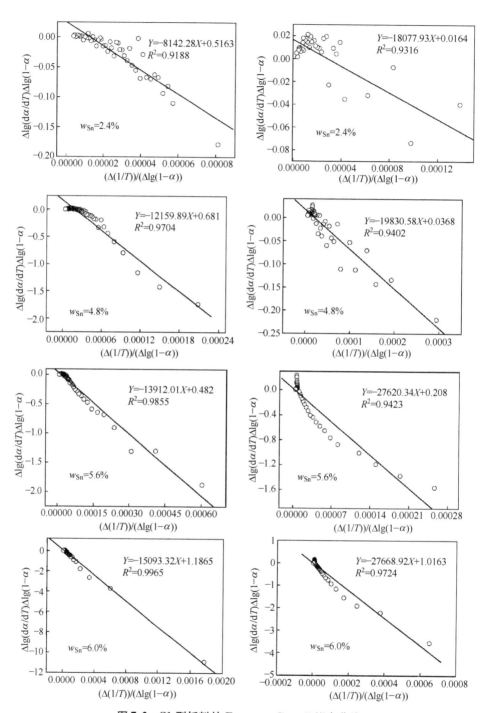

图 7-2　S1 型钎料的 Freeman-Carroll 拟合曲线

注：左列为传统钎料；右列为亚稳态钎料。

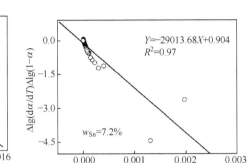

图 7-2　S1 型钎料的 Freeman-Carroll 拟合曲线 （续）

注：左列为传统钎料；右列为亚稳态钎料。

7.1.2　非等温积分法

热分析动力学的普适积分方程为

$$G(\alpha) = \frac{Z}{\beta}(T - T_0)\exp\left(-\frac{E}{RT}\right) \tag{7-6}$$

对式（7-6）两边同时取对数得

$$\ln\left[\frac{G(\alpha)}{T - T_0}\right] = \ln\frac{Z}{\beta} - \frac{E}{RT} \tag{7-7}$$

根据式（7-7），采用最小二乘法对不同 Sn 含量 S1 型亚稳态钎料和传统钎料的 DSC 曲线（见图 5-2）和图 7-1 中反应分数积分曲线上的数据进行拟合，结果如图 7-3 所示。由拟合方程可知直线的斜率为 $-E/R$，从而求得 E 值，由直线截距可计算 S1 型传统钎料和亚稳态钎料的指前因子 Z，结果见表 7-3，该表中 E 值与前面表 7-1、表 7-2 通过非等温微分法分析得到的 E 值相差甚小，基本吻合。

表 7-3　S1 型钎料的活化能 E 和指前因子 Z

Sn 的质量分数（%）	传统钎料			亚稳态钎料		
	$-E/R$	$E/(\text{kJ/mol})$	Z	$-E/R$	$E/(\text{kJ/mol})$	Z
2.4	18751.574	155.91	5.28×10^9	41633.169	346.16	1.397×10^{20}
4.8	28003.843	232.84	8.44×10^{13}	45670.128	379.72	7.69×10^{21}
5.6	32039	266.39	5.68×10^{15}	63608.880	528.88	4.21×10^{29}
6.0	34759.228	289.01	9.05×10^{16}	63721.680	529.81	6.86×10^{29}
7.2	43833.948	364.46	7.29×10^{20}	66817.661	555.56	1.41×10^{32}

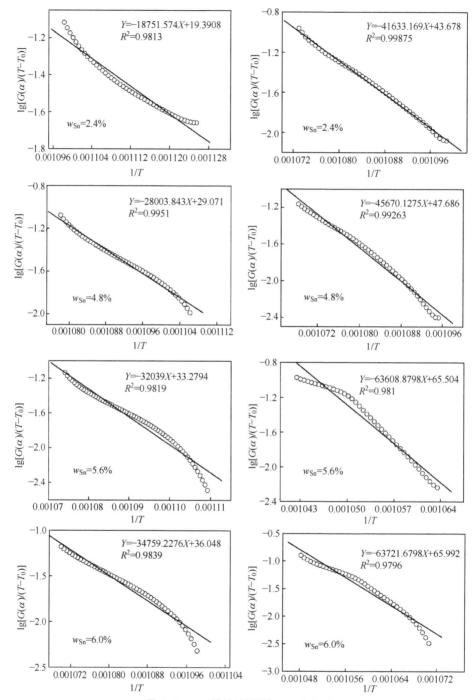

图7-3　S1型钎料的非等温积分曲线

注：左列为传统钎料；右列为亚稳态钎料。

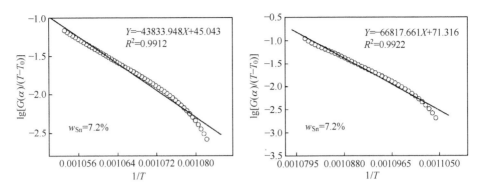

图 7-3　S1 型钎料的非等温积分曲线（续）

注：左列为传统钎料；右列为亚稳态钎料。

　　从金属结晶热力学角度讲，随着温度升高，固相和液相的吉布斯自由能均降低，液相的吉布斯自由能降低幅度更大。当固相与液相的吉布斯自由能相等时，两相同时存在，具有同样的稳定性，此时既不熔化也不结晶，处于热力学平衡状态，该温度称为理论结晶温度。当温度高于理论结晶温度时，液态金属的自由能比固态金属低，则固态金属熔化为液态。相变活化能就是金属由固态转变为液态发生相变所需的能量。而表观活化能是指采用热分析动力学方法数值求解得到的活化能可以表征整个反应过程。

　　将表 7-3 中的指前因子 Z 和活化能 E 代入式（7-2）的阿伦尼乌斯方程，可得到 AgCuZnSn 钎料相变过程的相变速率常数 k 在相变温度范围内的变化规律。再将式（7-2）两边取对数，可得到 S1 型钎料相变速率常数 k 与温度 T 之间的关系 $\ln k = \ln Z - E/RT$，对 S1 型亚稳态钎料和传统钎料的相变速率与温度的关系进行拟合，结果如图 7-4 所示。

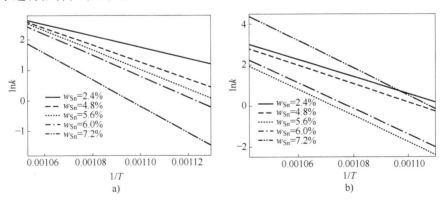

图 7-4　S1 型钎料的相变速率常数 k 与温度 T 的关系

a）传统钎料　b）亚稳态钎料

根据图 7-4 可知，温度越高，相变速率常数越大，钎料由固相转变为液相的速度越快，随着 Sn 含量升高，传统钎料拟合的直线斜率更小，即钎料由固相转变为液相的速度减慢；而亚稳态钎料，随着 Sn 含量升高，拟合直线的斜率先减小后增大，说明亚稳态钎料的相变速率常数 k 先减小后增大，表明钎料由固相转变为液相的速度先减缓后加快。对比亚稳态钎料和传统钎料的相变速率常数，可发现亚稳态钎料由固相向液相转变的速度快于传统钎料，主要是因为亚稳态钎料的相变温度区间小，相变速率快。

7.2　钎焊工艺性和接头性能的定量表征

自然界存在多种形式的能量转变，主要为两类：一类是正转变，没有外界干预、自发的转变；另一类是负转变，须在外界干预下才能实现的转变。需寻找一 "转变含量" 或 "变换容度" 来度量正、负转变的数量及不可逆性，对比不同形式的转变，实现热力学第二定律定量化。热力学中将可逆过程中物质系统吸收的热量与热力学温度的比值 dQ/T 称为熵的增量（dS）。熵是物质热力学状态的函数，与物质热力学状态变化的路径无关。熵增加表示系统部分热量丧失了转变为功的可能性。熵越小，可转变程度越高，不可转变程度越低；熵越大，可转变程度越低，不可转变程度越高。熵是一个状态量，可对系统进行完整的描述，熵具有方向性。因此，通过研究熵变，可以对物质性能变化趋势进行较为精确的预测。亚稳态钎料和传统钎料的熔化特性、润湿性，以及两类钎料钎焊接头力学性能的变化趋势并不完全一致，故本节特提出热力学参量定量表征体系来预测、对比两类钎料的钎焊工艺性和接头力学性能。

7.2.1　定量表征体系

利用熵的概念，将亚稳态钎料的钎焊工艺性和钎焊接头的力学性能统一用熵值表达，熵值越大表示对应钎料的钎焊工艺性和钎焊接头力学性能越差。由于钎料的钎焊工艺性和钎焊接头的力学性能与亚稳态钎料中 Sn 含量的变化规律不同，将钎料的钎焊工艺性和接头力学性能与熵的关系分别用两个数学式表示，见式（7-8）和式（7-9）。其中 ΔT 为钎料熔化温度区间；w_{Sn} 为钎料中 Sn 的质量分数。

S_G（钎焊工艺熵）：表征钎料钎焊工艺性的熵，对应其铺展系数（黏度）和熔化温度区间。S_G 的倒数与润湿铺展面积（或黏度）正相关，与熔化温度区间负相关。

S_X（接头性能熵）：表征钎焊接头力学性能的熵，对应其抗拉强度（抗剪

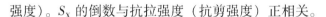

强度）。S_X 的倒数与抗拉强度（抗剪强度）正相关。

$$S_G = \ln \left\{ \begin{array}{l} [\Delta T/18(0 < \Delta T < 50), \Delta T/35(50 \leqslant \Delta T)] - \\ [w_{Sn}/4.5(w_{Sn} \leqslant 6.0), w_{Sn}5.6(6.0 < w_{Sn} \leqslant 8.5), (w_{Sn}/11.5)^2(8.5 < w_{Sn} \leqslant 12.5)] + \\ \{[w_{Sn}/4.5(w_{Sn} \leqslant 6.0), w_{Sn}5.6(6.0 < w_{Sn} \leqslant 8.5), (w_{Sn}/11.5)^2(8.5 < w_{Sn} \leqslant 12.5)] \times \\ [\Delta T/18(0 < \Delta T < 50), \Delta T/35(50 \leqslant \Delta T)]\}^{0.5} \end{array} \right\}$$

$$(7-8)$$

$$S_X = \ln \left\{ \begin{array}{l} \{70 - [1.45\Delta T(20 \leqslant \Delta T < 30), \Delta T(30 \leqslant \Delta T < 45), 0.6\Delta T(45 \leqslant \Delta T]\}^{0.5} - \\ [w_{Sn}/2.25(w_{Sn} \leqslant 6.0), w_{Sn}/3.65(6.0 < w_{Sn} \leqslant 8.5), w_{Sn}/4.2(8.5 < w_{Sn} \leqslant 12.5)] \end{array} \right\}$$

$$(7-9)$$

根据 5.1、5.2、6.2、6.3 节的试验结果，采用 BAg50CuZn 钎料和 BAg34CuZnSn 钎料为基体，通过镀覆-热扩散组合工艺、传统熔炼合金化方法制备的亚稳态钎料、传统钎料的钎焊工艺性和钎焊接头的力学性能数据，分别见表 7-4 和表 7-5。

表 7-4　S1 型钎料的钎焊工艺性和钎焊接头的力学性能

钎料中 Sn 的质量分数（%）	亚稳态钎料			传统钎料		
	固-液相线区间/℃	润湿性/mm²	接头抗拉强度/MPa	固-液相线区间/℃	润湿性/mm²	接头抗拉强度/MPa
2.4	46	358.2	352	46.9	331	359
4.8	39.5	400.5	371.5	42	365.5	376.9
5.6	38	425.7	383	39.7	378.5	388.3
6.0	37	457.3	395.2	38.4	412	407.4
7.2	34	481.1	373.2	35.8	442	381.8

表 7-5　S2 型钎料的钎焊工艺性和钎焊接头的力学性能

钎料中 Sn 的质量分数（%）	亚稳态钎料			传统钎料		
	固-液相线区间/℃	润湿性/mm²	接头抗拉强度/MPa	固-液相线区间/℃	润湿性/mm²	接头抗拉强度/MPa
4.0	35	377	367.6	35.1	343	381.8
4.5	33.5	394	386.5	34.2	364	407.7
5.0	31.5	413	406	32.8	383.9	418.5
5.5	31	463	415.2	32.3	395	430.5
6.4	22	488	391.2	25.6	398	406.7

根据表 7-4 和表 7-5，随着 Sn 的质量分数升高，亚稳态钎料和传统钎料的润

湿面积均增大，而熔化温度区间均缩小，钎焊接头的抗拉强度先升高后降低。从钎焊接头力学性能方面对比，传统钎料钎焊接头的抗拉强度略高于亚稳态钎料；而从润湿面积角度对比，亚稳态钎料的润湿面积大于传统钎料；熔化温度区间方面，两类钎料的熔化温度区间均小于50℃，但亚稳态钎料的熔化温度区间更小。

7.2.2 计算结果分析

利用表7-4和表7-5中的数据根据式（7-8）进行计算，获得两类钎料的钎焊工艺熵值的倒数对比，分别如图7-5和图7-6所示。由图7-5和图7-6中的钎焊工艺熵值与表7-4和表7-5中的钎料润湿性对比可以看出，不论是BAg50CuZn钎料还是BAg34CuZnSn钎料，随着Sn含量升高，分析曲线整体变化趋势，能发现制备的亚稳态钎料和传统钎料对应的钎焊工艺熵值的倒数越大，即工艺熵值越小，对应钎料的润湿面积越大、熔化温度区间越小，钎料润湿性越好。由相同Sn含量的亚稳态钎料和传统钎料的工艺熵值对比可

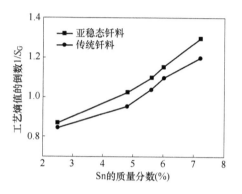

图7-5 S1型亚稳态钎料和传统钎料的钎焊工艺熵值的倒数对比

知，亚稳态钎料工艺熵值的倒数大于传统钎料，即亚稳态钎料的工艺熵值更小。相同Sn含量的亚稳态钎料和传统钎料工艺熵值的变化趋势与前面图5-4和图5-6中钎料润湿性的分析结果一致，表明提出的钎焊工艺熵的数学表达式（7-8）在一定程度上可定量表征钎料的钎焊工艺性。

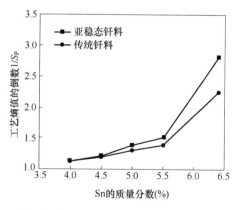

图7-6 S2型亚稳态钎料和传统钎料的钎焊工艺熵值的倒数对比

根据式（7-9）计算得到的两类钎料的接头性能熵值的倒数对比，分别如图 7-7 和图 7-8 所示。由图 7-7 和图 7-8 接头性能熵值的倒数与表 7-4 和表 7-5 中钎焊接头的力学性能对比可以看出，不论是 BA50CuZn 钎料还是 BAg34CuZnSn 钎料，随着 Sn 含量升高，分析曲线整体变化趋势，发现制备的亚稳态钎料和传统钎料对应接头性能熵值的倒数越大，即接头性能熵值越小，对应钎焊接头的力学性能越好。由相同 Sn 含量的亚稳态钎料和传统钎料的接头性能熵值对比可知，亚稳态钎料的性能熵值略高于传统钎料，即传统钎料的性能熵值较小，说明亚稳态钎料钎焊接头的力学性能略低于传统钎料钎焊接头。在 Sn 的质量分数为 5.5% 和 6.0% 时，BAg34CuZnSn 钎料和 BAg50CuZn 钎料制备的亚稳态钎料性能熵值的倒数最大，即性能熵值最小，钎焊接头抗拉强度最高，接头的力学性能最佳。这与前面图 6-12 和图 6-22 中钎焊接头抗拉强度的分析结果一致，表明提出的钎焊接头性能熵的数学表达式（7-9）在一定程度上可以定量表征钎焊接头的力学性能。

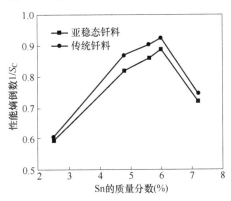

图 7-7　S1 型亚稳态钎料和传统钎料的接头性能熵值的倒数对比

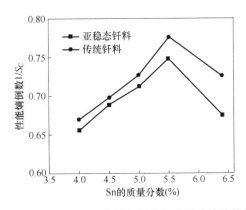

图 7-8　S2 型亚稳态钎料和传统钎料的接头性能熵值的倒数对比

7.3 本章小结

本章分析了亚稳态钎料的热力学特性，主要包括：亚稳态钎料的相变热分析动力学特性、钎焊工艺性和接头力学性能的定量表征方法，具体结论如下：

1）采用非等温微分法、积分法两种数学方法，计算亚稳态钎料和传统钎料的相变活化能，获得相变速率常数 k 与温度 T 之间的变化规律，发现亚稳态钎料由固相转变为液相的速度比传统钎料快。

2）提出亚稳态钎料钎焊工艺熵 S_G 和接头性能熵 S_X 的数学表达式，分别为

$$S_G = \ln \left\{ \begin{array}{l} [\Delta T/18(0 < \Delta T < 50), \Delta T/35(50 \leqslant \Delta T)] - \\ [w_{Sn}/4.5(w_{Sn} \leqslant 6.0), w_{Sn}/5.6(6.0 < w_{Sn} \leqslant 8.5), (w_{Sn}/11.5)^2(8.5 < w_{Sn} \leqslant 12.5)] + \\ \{ [w_{Sn}/4.5(w_{Sn} \leqslant 6.0), w_{Sn}/5.6(6.0 < w_{Sn} \leqslant 8.5), (w_{Sn}/11.5)^2(8.5 < w_{Sn} \leqslant 12.5)] \times \\ [\Delta T/18(0 < \Delta T < 50), \Delta T/35(50 \leqslant \Delta T)] \}^{0.5} \end{array} \right\}$$

$$S_X = \ln \left\{ \begin{array}{l} \{70 - [1.45\Delta T(20 \leqslant \Delta T < 30), \Delta T(30 \leqslant \Delta T < 45), 0.6\Delta T(45 \leqslant \Delta T)] \}^{0.5} - \\ [w_{Sn}/2.25(w_{Sn} \leqslant 6.0), w_{Sn}/3.65(6.0 < w_{Sn} \leqslant 8.5), w_{Sn}/4.2(8.5 < w_{Sn} \leqslant 12.5)] \end{array} \right\}$$

式中，ΔT 为钎料熔化温度区间，w_{Sn} 为钎料中 Sn 的质量分数。

3）采用上述结论2）中的数学表达式定量表征亚稳态钎料的钎焊工艺性和接头力学性能，并与试验得到的钎料润湿性、钎焊接头抗拉强度进行对比。发现与同等 Sn 含量的传统钎料相比，亚稳态钎料的钎焊工艺熵值更小、接头性能熵值略高；试验结果证实钎焊工艺熵和接头性能熵的数学表达式可定量预测亚稳态钎料的钎焊工艺性和钎焊接头的力学性能。

第 8 章

亚稳态钎料的工程应用

8.1 在制冷行业的应用

1. 高铁制冷循环管路和牵引电机构件的钎焊

高铁是"现代四大发明"的重要组成之一，高铁牵引电机是高铁提速和安全稳定快速运行的重要核心部件。牵引电机主要由短路环、转子导条、转子铁心、定子铁心、测速齿轮、托架、轴承、转轴等构件组成。其中短路环主要是CuCr1Zr材料，可采用本课题研发的亚稳态铜基钎料进行连接，而转子导条可采用本书研发的亚稳态 AgCuZnSn 钎料进行气体保护钎焊或真空钎焊。另外，高铁的制冷循环管路主要是采用钎焊连接方法实现的，本书开发的亚稳态银基钎料为制冷循环管路的可靠性连接提供了有力的技术支撑，具体如图 8-1 所示。

图 8-1　高铁关键核心构件的钎焊连接

2. 电磁换向阀的感应钎焊

电磁换向阀是家电产品的关键零部件，主要由主阀体（H62 黄铜）、铁阀杆（塑料）、端盖（H62 黄铜）和毛细管（纯铜）等组成。

选用 60kW、300kHz 的高频感应钎焊设备，采用 2 匝感应线圈，线圈与焊件的间隙为 5mm。选用本课题研发的亚稳态 AgCuZnSn 钎料（Sn 的质量分数为

4.8%），端盖选用直径为 1.2mm 的钎料预制为外径 25.5mm 的钎料环。毛细管用直径为 0.25mm 的钎料制备为内径 25.5mm 的钎料环，每处接头放 5 圈。选用 FB102 钎剂调制为膏状。实际加热功率为 20kW，钎焊时间为 10s。焊件焊后随即在水中冷却，可获得高质量的钎焊接头，如图 8-2 所示。

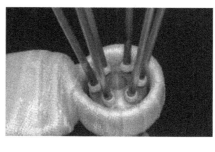

图 8-2　电磁换向阀的感应钎焊

3. 压缩机的火焰钎焊

压缩机的外壳由上、下壳体组成。壳体上的排气管、工艺管与吸气管，根据压缩机结构不同而分布在不同位置。三管的材质为 TP1 铜管和邦迪管（细钢管），壳体为 ST14 低碳钢。

压缩机壳体与三管的接头形式为插接，目前常用 12 工位转盘式专用焊机进行压缩机的火焰钎焊，改变传统手工钎焊。其中邦迪管采用本课题研发的 S2 型亚稳态 AgCuZnSn 钎料（Sn 的质量分数为 4.5%）进行钎焊，熔化温度为 630 ~ 730℃，钎剂为空调、冰箱压缩机专用钎剂，部分厂家采用 FB102 钎剂，火焰为略偏氧化的中性焰，同时用外焰加热（见图 8-3）。

图 8-3　空调、冰箱压缩机的火焰钎焊

作者所在项目组开发的特种 Ag 钎料目前已推广至海尔、海信、新飞、冰熊等多家制冷设备及部件生产厂家，并取得了显著的经济和社会效益。仅海尔一家企业, 每年使用的特种 Ag 钎料总额就超过 5000 万元。

8.2　在眼镜行业的应用

我国是全球眼镜制造第一大国, 总产量占全球的 60% 以上。2000 年之前, 由于金属镜架对焊接强度、表观质量等要求严格, 我国金属光学镜架用焊线依赖进口, 无自主研发的国产眼镜焊线, 本课题研发的多系列光学镜架用钎料满足了各项技术指标要求, 完全可取代进口产品, 填补了我国眼镜行业用钎料的空白, 提升了我国眼镜制造行业的国际市场竞争力, 带动了整个行业健康、有序地发展。课题组主要针对金属镜架用钎料及其工艺进行研究, 课题组研究内容包括以下几方面:

1) 采用高强韧成分设计, 复合添加合金元素, 晶粒细化且弥散强化效果显著, 设计并优化钎料成分, 面向不锈钢、铜合金及钛合金金属材质眼镜框架。

2) 调控金属镜架用钎料的熔化温度、润湿性能及杂质含量的影响因素, 并确定最高杂质含量, 全面提高钎料的品质和性能。

眼镜架的材料主要是黄铜、蒙乃尔合金、白铜、不锈钢、钛合金等。不锈钢与黄铜、白铜镜架材质相比, 具有耐腐蚀、强度高、弹性好等优点。不锈钢眼镜架由框架、横梁、支架、弯头、镜腿等部件组成, 一副眼镜架有 8 ~ 14 个焊点。通常采用电阻钎焊或小功率感应钎焊, 选用本书研发的亚稳态 BAg48Cu33.5Zn15.8Sn2.4 钎料, 配合 FB102 钎剂, 同时采用专用夹具进行钎焊, 以免钎料在钎焊过程中产生颤动, 影响钎焊质量和效率。眼镜架的钎焊连接如图 8-4 所示。

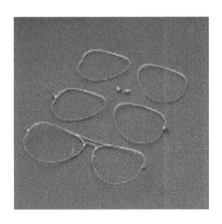

图 8-4　眼镜架的钎焊连接

8.3　在核能领域的应用

本课题针对热核聚变试验要求的超超低温、超超高真空极端环境, 发明了红外-感应-原子氢弧耦合加热、相变梯度控温和变频-调幅振动超声破膜驱气技术, 重构了能量-物质流, 实现了不等厚构件逆序升温、大尺度温度场在线调控和变曲率钎缝的定向固化 (见图 8-5), 该项技术处于国际领先水平。

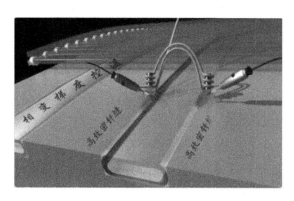

图 8-5　极端环境高可靠钎焊技术

8.4　在航空航天与国防领域的应用

　　针对大尺度超轻量散热器，课题组发明了低熔蚀、高分散联合控形提性真空钎焊技术，通过降张力、防聚集、易溶蚀，实现控形态、提性能，钎缝表面质量、产品耐压性均高于国外技术水平。针对多通道高参数换热器，发明了自流平填缝、反重力调缝高可靠真空钎焊技术。打破了国外技术封锁，确保了潜艇、雷达、战机、航天器的研制和量产，支撑国防建设、保障国家安全（见图8-6）。

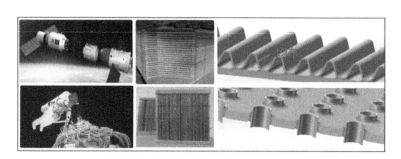

图 8-6　航空航天和国防领域复杂构件的真空钎焊技术

8.5　在农业机械领域的应用

　　旋耕机械是我国主要的耕作机具之一，可一次完成耕耙作业，广泛应用在旱地播种前整地作业，大大缩短了耕整地时间，提高了生产率。影响旋耕机寿命的主要因素是旋耕刀的耐磨性，但旋耕刀磨损、更换造成了很大的损失，导致油耗增加、农机的工作效率降低，很不利于抢农时。

本课题组发明了一种内、外双层耐磨旋耕刀具涂层，内层包括：质量分数为10%~25%的WC粉、其余为亚稳态银基、铜基复合钎料；外层包括：质量分数为5%~9%的金刚石微粉、其余为BNi82CrSiBFe钎料。制备步骤为：预制内、外耐磨层膏体，将膏体分层预置在旋耕刀刃口处，放入真空钎焊炉，在真空度为$1×10^{-2}$Pa、温度为1050~1080℃气氛中保温30min，随炉冷却，使耐磨层钎涂在旋耕刀表面；出炉后对刀具进行真空热处理，消除涂层内部残余应力。该方法制备的旋耕刀表面的耐磨涂层（见图8-7）解决了旋耕刀耐磨性差的难题，极大提高了农机装备关键构件的使用寿命。

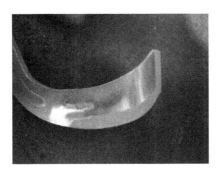

图8-7　旋耕刀表面的耐磨涂层

8.6　在海水净化领域的应用

滤芯作为海水净化设备的重要构件，由内骨架、滤层护网、过滤网、外护网等组成，主要连接方法有熔焊、堆焊、热烧结等。而在现有技术中，不锈钢海水滤芯的焊接目前主要是靠手工电弧焊，但是由于过滤网与内骨架焊点多、连接点小，容易出现未焊上或未焊透、熔蚀、焊穿等缺陷，焊接效率特别低，同时需要大量的焊材。

为了解决现有技术中采用手工电弧焊来焊接不锈钢海水滤芯存在的焊接不牢固、熔蚀、焊接效率低等问题，课题组发明了一种用于不锈钢海水滤芯的复合焊接方法，该焊接方法的母材几乎不融化，不仅能够提高接头的连接强度和力学性能，而且焊接时温度较低，能够有效防止接头处产生氮化物、碳化物、碳氮化物而降低其性能，避免组织性能变化的问题，焊接后的接头无缺陷、洁净度高、性能优异。

具体技术方案：先对不锈钢海水滤芯的内骨架和过滤网待焊部位进行表面

预处理，再用夹具固定待焊部位，然后采用激光点焊对待焊部位按照过滤网圈数在内骨架表面进行点焊固定，之后将亚稳态钎料膏涂覆于待焊面中，最后采用真空钎焊对除了激光点焊位置外的其余待焊位置进行钎焊，从而完成不锈钢海水滤芯的焊接。所述真空钎焊的操作如下：

1）采用夹具对激光点焊已固定的待焊面进行装配，涂覆预制亚稳态钎料膏，然后将整个工件放入真空腔内。

2）设定真空腔的真空度为 $10^{-6} \sim 10^{-4}$ Pa。

3）设定温度控制单元，加热至一定温度使得钎料膏熔化，并保温 $45 \sim 55$ s。

4）保温完成后，自然冷却，待焊工件冷却至室温时，打开真空腔进气单元，当腔内外压力相同时，打开真空腔单元，取出工件，即完成不锈钢海水滤芯的复合钎焊。海水净化领域亚稳态钎料复合连接滤芯的样品图片如图 8-8 所示。

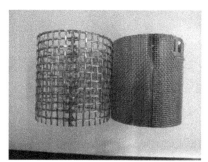

图 8-8　海水净化领域亚稳态钎料复合连接滤芯的样品图片

8.7　本章小结

本章对亚稳态钎料在制冷、眼镜、核能、航空航天、农业机械、海水净化等领域关键核心构件和器件的应用进行了介绍，特别是对高铁制冷循环管路和牵引电机构件的钎焊，家电领域电磁换向阀、空调、冰箱压缩机的钎焊连接，以及农业机械旋耕刀表面钎涂改性等进行了介绍，可为相关领域的工程应用和规模产业化提供参考和技术支撑。

附　录

附录 A　本书相关研究成果的授权专利和获省部级奖情况

　　本书相关研究成果，申报发明专利 7 项，主要是：一种低熔点元素调控银基钎料钎焊接头力学性能的预测方法、一种过饱和钎料及其制备方法、一种 AgCuTi 钎料及其制备方法、一种铜锡钛钎料及其制备方法、一种高铟含量银钎料的电铸成形制备方法、一种电沉积钛方法，以及一种变尺度硼氮石墨烯改性层钎料、制备方法及用途，目前已全部授权，如图 A-1 所示。德国多特蒙德大学材料技术系主任 Wolfgang Tillmann 教授团队在其学术论文（Materials，2019，12（7）：1040.）中引用上述相关成果，并给予了积极评价。

a)　　　　　　　　　　　　　　　b)

图 A-1　本书相关研究成果获得授权发明专利

a）一种低熔点元素调控银基钎料钎焊接头力学性能的预测方法　b）一种过饱和钎料及其制备方法

图 A-1 本书相关研究成果获得授权发明专利（续）

c）一种 AgCuTi 钎料及其制备方法 d）一种铜锡钛钎料及其制备方法

e）一种高铟含量银钎料的电铸成形制备方法 f）一种电沉积钛方法

g)

图 A-1　本书相关研究成果获得授权发明专利（续）

g）一种变尺度硼氮石墨烯改性层钎料、制备方法及用途

　　同时，本书相关研究成果，作为《湿热环境中钎料腐蚀机理研究与耐蚀钎料开发》《特种钎料的电化学制备及其应用》项目的重要支撑材料，已通过中国机械工程学会、河南省科学技术信息研究院组织的科技成果鉴定，中国机械工程学会常务副理事长兼秘书长张彦敏，国家杰出青年、中国腐蚀与防护学会理事长王福会教授，973 项目首席科学家、国家材料腐蚀与防护科学数据中心主任李晓刚教授，中原学者姚致清教授，郑州大学副校长关绍康教授等权威专家对上述两个项目进行了高度评价，认为上述项目的整体技术达到国际先进水平，如图 A-2 所示。上述两个项目荣获 2019 年中国腐蚀与防护学会科学技术奖一等奖和 2019 年河南省人民政府颁发的河南省科学技术进步奖二等奖，如图 A-3 和图 A-4 所示。

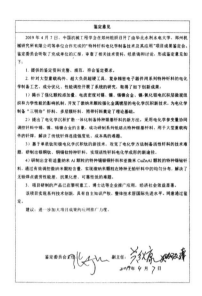

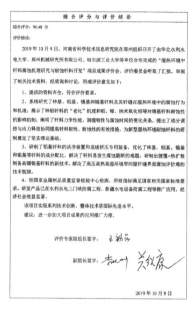

图 A-2　本书研发的钎料产品支撑的项目评价意见

图 A-3　本书研发的钎料产品荣获 2019 年中国腐蚀与防护学会科学技术奖一等奖

图 A-4　本书研发的钎料产品荣获 2019 年河南省科学技术进步奖二等奖

附录 B　本书研究成果的推广与应用

在本书研究成果支撑的项目实施以前，传统银基钎料及其制备方法已无法满足工程实际需求。超大负荷超硬工具在复杂服役环境中，传统活性钎料连接的胎体与磨头、钻头容易出现脱落、剥落现象，直接影响超硬工具的使用寿命。另外，传统无铅钎料熔点高、组织迥异、抗疲劳性差，使得电子封装及芯片连接的使用可靠性无法保证。虽然年产量较高，但是利润特别低，3 万 t 的年产量，利润仅有 300 多万元。

项目开发的系列新型钎料，具有适宜的熔化温度、良好的润湿性及较高的接头强度，综合性能可取代传统高银钎料、无铅钎料、活性钎料，节银效果和性能提升显著，综合成本降低 20% ~30%。本项目研究成果已成功应用于郑州机械研究所有限公司、河南黎明重工科技股份有限公司、西安海特尔机电有限公司等相关企业，主要是特种钎料在大型矿山装备、重载机电装备、超大负荷钻探装备、复杂集成线路制造装备等领域的对口应用，涉及矿山装备破碎机用旋转刀、镐形截齿、电机转子、发动机整流器、精密芯片等结构件的钎焊连接，产生了良好的经济和社会效益，近 3 年为相关企业累计新增销售额 15049 万元，实现利润 2597 万元。具体应用情况如下：

1）大型石油钻探、矿山机械领域——项目完成单位郑州机械研究所有限公司：自 2012 开始与华北水利水电大学、江苏师范大学等单位合作，成功开发系列特种钎料，替代了传统的银基、锡基及活性钎料，解决了行业领域的系列钎焊难题。自 2012 年开始，将项目组开发的特种银基钎料、活性钎料、无铅钎料成功推广应用于矿山装备、石油装备等重载构件连接领域，具备年均 4t 特种钎料的销售量。同时，成功建立了两条特种钎料生产线，不仅效弥补了传统钎料存在的不足之处，而且显著提高了钎料的钎着率和生产效率，极大地拓宽了公司的销售市场和行业影响力。从 2016 年 1 月至 2018 年 12 月，累计销售收入 4570 万元，实现利润 789 万元。

2）重型矿山、超大负荷钻探领域——项目完成单位河南黎明重工科技股份有限公司：公司大型矿山装备破碎机构件旋转刀、超大负荷钻探装备的镐形截齿，以往采用 BAg50 钎料，含银量高，产品生产成本高。自从 2013 年开始采用华北水利水电大学、郑州机械研究所有限公司开发的特种硬钎料，共应用于两大系列，12 种旋转刀、镐形截齿胎体刀头的连接。自 2013 年开始使用项目组开发的特种钎料，一方面使得基体与硬质合金连接强度提高了 25%，显著增强破碎机专用刀具、截齿的抗磨损能力，防止了硬质合金的松动、脱落；另一方面大幅降低了生产成本，将破碎机的整体使用寿命延长 20% 左右。从 2016 年 1 月至 2018 年 12 月，累计新增销售收入 4090 万元，实现利润 732 万元，其中破碎机旋转刀占比 65%，实现新增销售额 2658.5 万元。

3）重载机电、家电领域——西安海特尔机电有限公司：大型重载机电装备用电机转子、整流器等强度低、寿命短，是行业难以克服的难题。自 2015 年 1 月开始使用华北水利水电大学、郑州机械研究所有限公司等单位研发的特种钎料进行钎焊，使得电机转子、整流器的使用寿命提高 16% 以上，可靠性得到保证，解决了高速电机转子的国产化难题，为提高电机使用效率、降低公司成本做出了巨大贡献。自 2016 年 1 月至 2018 年 12 月，累计新增销售收入 2650 万元，实现利润 430 万元。

4）精密电子产品领域——河南欧泰威尔电子科技有限公司：单位生产的电子元器件产品，在长期使用过程中内部焊点失效非常严重，导致维护成本非常高。自 2016 年开始使用华北水利水电大学研制的特种无铅钎料，与传统无铅钎料相比，该特种钎料含有纳米颗粒、纳米线，对铜基板和镍基板具有强化作用，提高无铅焊点的蠕变寿命 15% 以上，使得集成线路板芯片的使用寿命和可靠性得到有效保证。特种钎料项目开发的产品，解决了公司积累多年有关系列电子产品元器件失效的难题。自 2016 年 1 月至 2018 年 12 月，项目开发的特种无铅钎料产品使公司累计新增销售额 3739 万元，实现利润 646 万元。

参 考 文 献

［1］ 张启运，庄鸿寿. 钎焊手册［M］. 3 版. 北京：机械工业出版社，2018.

［2］ 龙伟民，张青科，马佳，等. 浅谈硬钎料的应用现状与发展方向［J］. 焊接，2013，
（1）：18-21.

［3］ 王星星，王博，彭进，等. 一种过饱和钎料及其制备方法：201510867587.0［P］.
2015-12-02.

［4］ 杜森 P，萨古利奇. 先进钎焊技术与应用［M］. 李红，叶雷，译. 北京：机械工业出
版社，2018.

［5］ MA C L, XUE S B, WANG B, et al. Effect of Ce addition on the microstructure and proper-
ties of Ag17CuZnSn filler metal［J］. Journal of Materials Engineering and Performance,
2017, 26 (7)：3180-3190.

［6］ MA C L, XUE S B, WANG B. Study on novel Ag-Cu-Zn-Sn brazing filler metal bearing Ga
［J］. Journal of Alloys and Compounds, 2016, 688：854-862.

［7］ CRISSA E M, MEYERS M A. Braze welding of cobalt with a silver-copper filler［J］. Jour-
nal of Materials Research and Technology, 2015, 4 (1)：44-59.

［8］ CHEN G, WU F S, LIU C Q, et al. Microstructures and properties of new Sn-Ag-Cu lead-
free solder reinforced with Ni-coated graphene nanosheets［J］. Journal of Alloys and Com-
pounds, 2016, 656：500-509.

［9］ LIU G P, LI Y L, LONG W F, et al. Wetting kinetics and spreading phenomena of the pre-
cursor film and bulk liquid in the AgCuTi/TC4 system［J］. Journal of Alloys and Compounds,
2019, 802：345-354.

［10］ KHORRAM A, GHOREISHI M, TORKAMANY M J, et al. Laser brazing of inconel 718 al-
loy with a silver based filler metal［J］. Optics & Laser Technology, 2014, 56：443-450.

［11］ 史建卫. 现代电子装联软钎焊接技术［M］. 北京：电子工业出版社，2016.

［12］ 王星星，彭进，薛鹏，等. AgCuZnSn 钎料制备方法及合金化的研究进展［J］. 材料导
报，2017，31 (8)：87-94.

［13］ "10000 个科学难题" 制造科学编委会. 10000 个科学难题：制造科学卷［M］. 北京：
科学出版社，2018.

［14］ GASIOR W, WINIOWSKI A. Properties of silver brazing alloys containing lithium［J］. Ar-
chives of Metallurgy and Materials, 2012, 57 (4)：1087-1093.

［15］ 张冠星，龙伟民. 微量元素 Ce、Sb、Li 对银基钎料润湿和抗氧化性能的影响［J］. 热
加工工艺，2011，40 (13)：4-6.

［16］ 徐锦锋，张晓存，党波，等. Ag-Cu-Sn 三元合金钎料的快速凝固组织与性能［J］. 焊
接学报，2011，32 (2)：85-88.

［17］ ZHU W W, ZHANG H, GUO C H, et al. Wetting and brazing characteristic of high nitrogen austenitic stainless steel and 316L austenitic stainless steel by Ag-Cu filler [J]. Vacuum, 2019, 166: 97-106.

[18] WANG H G, ZHANG K K, ZHANG M. Fabrication and properties of Ni-modified graphene nanosheets reinforced Sn-Ag-Cu composite solder [J]. Journal of Alloys and Compounds, 2019, 781: 761-772.

[19] VIKRANT K B, VINCENTR X, VENKATESWARAN T, et al. Interdiffusion and microstructure evolution during brazing of austenitic martensitic stainless steel and aluminum-bronze with Ag-Cu-Zn based brazing filler material [J]. Journal of Alloys and Compounds, 2018, 740: 852-862.

[20] CHOUDHARY R K, MISHRA P. Microstructure evolution during stainless steel-copper vacuum brazing with a Ag/Cu/Pd filler alloy: effect of nickel plating [J]. Journal of Materials Engineering and Performance, 2017, 26: 1085-1100.

[21] VENKATESWARAN T, VINCENTR X, SIVAKUMAR D. Brazing of martensitic stainless steel to copper using electroplated copper and silver coatings [J]. Journal of Materials Engineering and Performance, 2019, 28 (2): 1190-1200.

[22] 张涛, 薛松柏, 马超力. Ag-Cu-Zn 系钎料的研究现状 [J]. 焊接, 2014 (10): 10-15.

[23] 王泽宇, 霸金, 亓钧雷, 等. 石墨烯包覆泡沫铜复合中间层钎焊碳/碳复合材料与铌的工艺与性能 [J]. 焊接学报, 2018, 39 (10): 71-74.

[24] KHORRAM A, GHOREISHI M. Numerical and experimental study of flowing and spreading of silver-based filler metal droplet on different substrates during laser brazing process [J]. International Journal of Advanced Manufacturing Technology, 2016, 85: 503-519.

[25] 龙伟民, 董博文, 张青科, 等. 基于银合金先导润湿的铜磷钎料钎焊钢 [J]. 焊接学报, 2017, 38 (1): 1-4.

[26] LEI M, LI L, ZHANG H, et al. Microstructure evolution and wettability of Ag-Cu-Zn alloy on TiC-Ni cermet [J]. Vacuum, 2019, 159: 500-506.

[27] QIU Q W, WANG Y, YANG Z W, et al. Microstructure and mechanical properties of Al_2O_3 ceramic and Ti6Al4V alloy joint brazed with inactive Ag-Cu and Ag-Cu + B [J]. Journal of the European Ceramic Society, 2016, 36: 2067-2074.

[28] LIN J H, LUO D L, CHEN S L, et al. Control interfacial microstructure and improve mechanical properties of $TC4$-SiO_{2f}/SiO_2 joint by AgCuTi with Cu foam as interlayer [J]. Ceramics International, 2016, 42: 16619-16625.

[29] ALI M, KNOWLES K, MALLINSON P, et al. Interfacial reactions between sapphire and Ag-Cu-Ti-based active braze alloys [J]. Acta Materialia, 2016, 103: 859-869.

[30] YANG M X, HE P, LIN T S. Effect of brazing conditions on microstructure and mechanical properties of Al_2O_3/Ti-6Al-4V alloy joints reinforced by TiB whiskers [J]. Journal of Materials Science & Technology, 2013, 29 (10): 961-970.

[31] DAI X Y, CAO J, CHEN Z, et al. Brazing SiC ceramic using novel B_4C reinforced Ag-Cu-Ti composite filler [J]. Ceramics International, 2016, 42: 6319-6328.

[32] LEI M, LI Y L, ZHANG H. Interfacial microstructure and mechanical properties of the TiC-Ni cermet/Ag-Cu-Zn/Invar joint [J]. Vacuum, 2019, 168: 108830.

[33] KHORRAMA A, GHOREISHI M, TORKAMANY M J, et al. Laser brazing of inconel 718 alloy with a silver based filler metal [J]. Optics & Laser Technology, 2014, 56: 443-450.

[34] VENKATESWARAN T, VINCENTR X, SIVAKUMAR D, et al. Brazing of stainless steels using Cu-Ag-Mn-Zn braze filler: studies on wettability, mechanical properties, and microstructural aspects [J]. Materials & Design, 2017, 121: 213-228.

[35] 王禾, 薛松柏, 刘霜. 银元素对含银钎料性能的影响 [J]. 中国有色金属学报, 2016, 26 (11): 2340-2352.

[36] 熊华平, 陈波. 陶瓷用高温活性钎焊材料及界面冶金 [M]. 北京: 国防工业出版社, 2014.

[37] 赖忠民, 曹秀斌, 钱敏科, 等. 一种含锡、硅、锌和镨的无镉银钎料及其制备方法: 201510390217. 2 [P]. 2015-07-06.

[38] WANG X X, PENG J, CUI D T. Microstructure and mechanical properties of stainless steel/brass joints brazed by Sn-electroplated Ag brazing filler metals [J]. Journal of Materials Engineering and Performance, 2018, 27 (5): 2233-2238.

[39] CHEN Y, YUN D, SUI F, et al. Influence of sulphur on the microstructure and properties of Ag-Cu-Zn brazing filler metal [J]. Materials Science and Technology (United Kingdom), 2013, 29 (10): 1267-1271.

[40] 张冠星, 龙伟民, 鲍丽, 等. 硫对银钎料及钎焊性能的影响 [J]. 焊接学报, 2012, 34 (1): 77-80.

[41] 鲍丽, 龙伟民, 张冠星, 等. 微量 Ca 元素对 AgCuZn 钎料性能的影响 [J]. 焊接学报, 2012, 33 (12): 57-60.

[42] SUI F F, LONG W M, LIU S X, et al. Effect of calcium on the microstructure and mechanical properties of brazed joint using Ag-Cu-Zn brazing filler metal [J]. Materials & Design, 2013, 46: 605-608.

[43] 张冠星, 龙伟民, 潘建军, 等. 氧含量对银基粉状钎料润湿性及钎缝力学性能的影响 [J]. 焊接学报, 2014, 35 (3): 81-84.

[44] TAN C W, YANG J, ZHAO X Y, et al. Influence of Ni coating on interfacial reactions and mechanical properties in laser welding-brazing of Mg/Ti butt joint [J]. Journal of Alloys and Compounds, 2018, 764: 186-201.

[45] SONG X R, LI H J, ZENG X R, et al. Brazing of C/C composites to Ti6Al4V using graphene nanoplatelets reinforced TiCuZrNi brazing alloy [J]. Materials Letters, 2016, 183: 232-235.

[46] XUE S B, QIAN Y Y, HU X P, et al. Behavior and influence of Pb and Bi in Ag-Cu-Zn

brazing alloy [J]. China Welding, 2000, 9 (1): 42-47.

[47] 傅玉灿, 徐九华, 丁文锋, 等. 钎焊超硬磨料砂轮高效磨削理论与技术 [M]. 北京: 科学出版社, 2016.

[48] 王娟, 刘强. 钎焊与扩散焊 [M]. 2版. 北京: 化学工业出版社, 2016.

[49] 张冠星, 龙伟民, 乔培新. 基于低银钎料的金刚石薄壁钻钎焊工艺研究 [J]. 金刚石与磨料磨具工程, 2011, 31 (3): 19-22.

[50] 李红, WOLFGANG T, 栗卓新, 等. 高品质高可靠性钎料的技术发展及应用 [J]. 焊接学报, 2014, 35 (4): 108-112.

[51] 陈登权, 许昆, 罗锡明, 等. 硬质合金用银钎料性能对比研究 [J]. 贵金属, 2008, 29 (1): 26-29.

[52] 王帮军, 张楠, 陈林. AgCuZnMnNi 钎料感应钎焊 35CrMo/YG15C 焊缝强度研究 [J]. 电焊机, 2014, 44 (11): 91-93.

[53] 万一. 高频感应钎焊工艺参数对钎着率的影响 [D]. 重庆: 重庆理工大学, 2013.

[54] 纪繁祥, 隋景鹏, 臧恒波. 1Cr18Ni9Ti 与纯铜感应硬钎焊工艺研究 [J]. 防爆电机, 2011, 46 (2): 46-47.

[55] 张青科, 裴黉釜, 龙伟民. 奥氏体不锈钢钎焊界面裂纹形成机制研究 [J]. 金属学报, 2013, 49 (10): 1177-1184.

[56] CHEN Y, WU Q Q, PEI Y Y, et al. Effects of brazing filler and method on ITER thermal anchor joint crack [J]. Materials and Manufacturing Processes, 2015, 30 (9): 1074-1079.

[57] SOBHY M, EL-REFAI A M, FAWZY A. Effect of Graphene Oxide Nano-Sheets (GONSs) on thermal, microstructure and stress-strain characteristics of Sn-5 wt% Sb-1 wt% Ag solder alloy [J]. Journal of Materials Science: Materials in Electronics, 2016, 27: 2349-2359.

[58] BASRI D K, SISAMOUTH L, FARAZILA Y, et al. Brazeability and mechanical properties of Ag-Cu-Sn brazing filler metals on copper-brazed joint [J]. Materials Research Innovations, 2014, S6: 429-432.

[59] WINIOWSKI A, RÓ ZANSKI M. Impact of tin and nickel on the brazing properties of silver filler metals and on the strength of brazed joints made of stainless steels [J]. Archives of Metallurgy and Materials, 2013, 58 (4): 1007-1011.

[60] 王博, 王星星, 杨杰, 等. 一种电沉积钛方法: 201610955633.7 [P]. 2016-11-03.

[61] MA D L, WU P. Improved microstructure and mechanical properties for Sn58Bi0.7Zn solder joint by addition of graphene nanosheets [J]. Journal of Alloys and Compounds, 2016, 671: 127-136.

[62] 吴金妹, 王星星, 韦乐余. 一种高铟含量银钎料的电铸成形制备方法: 201611209312.9 [P]. 2016-12-23.

[63] 王星星, 彭进, 韦乐余, 等. 一种铜锡钛钎料及其制备方法: 201610955635.6 [P]. 2016-11-03.

[64] CAO J, ZHANG L X, WANG H Q, et al. Effect of silver content on microstructure and

properties of brass/steel induction brazing joint using Ag-Cu-Zn-Sn filler metal [J]. Journal of Materials Science & Technology, 2011, 27 (4): 377-381.

[65] WIERZBICKI L J, MALEC W, STOBRAWA J, et al. Studies into new, environmentally friendly Ag-Cu-Zn-Sn brazing alloys of low silver content [J]. Archives of Metallurgy and Materials, 2011, 56 (1): 147-158.

[66] 武倩倩. 铟和锡对BAg20CuZn钎料组织及性能的影响 [D]. 郑州: 郑州大学, 2014: 47-52.

[67] WATANABE T, YANAGISAWA A, SASAKI T. Development of Ag based brazing filler metal with low melting point [J]. Science and Technology of Welding and Joining, 2011, 16 (6): 502-508.

[68] MA J, LONG W M, HE P, et al. Effect of gallium addition on microstructure and properties of Ag-Cu-Zn-Sn alloys [J]. China Welding, 2015, 24 (3): 6-10.

[69] MA C L, XUE S B, WANG B. Study on novel Ag-Cu-Zn-Sn brazing filler metal bearing Ga [J]. Journal of Alloys and Compounds, 2016, 688: 854-862.

[70] WANG Z, CHEN C, JIU J. Electrochemical behavior of Sn-9Zn-xTi lead-free solders in neutral 0.5 M NaCl solution [J]. Journal of Materials Engineering and Performance, 2018, 27: 2182-2191.

[71] WANG X R, YU D K, HE Y M, et al. Effect of Sn content on brazing properties of Ag based filler alloy [J]. Material Sciences, 2013, 3: 14-21.

[72] DANIEL S, GUNTHER W, SEBASTIAN S. Development of Ag-Cu-Zn-Sn brazing filler metals with a 10 weigh-% reduction of silver and liquids temperature [C]. Beijing: 2014 International Conference on Brazing, Soldering and Special Joining Technologies, 2014.

[73] KHORUNOV V F, STEFANIV B V, MAKSYMOVA S V. Effect of nickel and manganese on structure of Ag-Cu-Zn-Sn system alloys and strength of brazed joints [J]. Paton Welding Journal, 2014, 4: 22-25.

[74] SOOD B, PECHT M. The effect of epoxy/glass interfaces on CAF failures in printed circuit boards [J]. Microelectronics Reliability, 2018, 82: 235-243.

[75] LI Z R, CAO J, LIU B, et al. Effect of La content on microstructure evolution of 20Ag-Cu-Zn-Sn-P-La filler metals and properties of joints [J]. Science and Technology of Welding & Joining, 2010, 15 (1): 59-63.

[76] JUNG M, LEE S, LEE H, et al. Improvement of electrochemical migration resistance by Cu/Sn intermetallic compound barrier on Cu in printed circuit board [J]. IEEE Transactions on Device and Materials Reliability, 2014, 14 (1): 382-389.

[77] 张亮, TU K N, 陈信文, 等. 近十年中国无铅钎料研究进展 [J]. 中国科学: 技术科学, 2016, 46 (8): 767-790.

[78] 刘宏伟, 封小松. 含镓和铟的无镉银基中温钎料性能研究 [J]. 焊接, 2011, (9): 30.

[79] 樊江磊，龙伟民，王星星，等. 夹杂物对 Ag-Cu-Zn 钎料凝固组织和性能的影响 [J]. 焊接学报，2015, 36 (5): 1-5.

[80] 徐志坤. 无镉中温银基钎料的低电压电磁压制及烧结工艺研究 [D]. 武汉：武汉理工大学，2012.

[81] 王星星，彭进，崔大田，等. 银基钎料在制造业中的研究进展 [J]. 材料导报，2018, 32 (5): 1477-1485.

[82] 龙伟民. 超硬工具钎焊技术 [M]. 郑州：河南科学技术出版社，2016.

[83] ZHANG J J, SHEN B, ZHAI J W, et al. In situ synthesis of $Ba_{0.5}Sr_{0.5}TiO_3$-Mg_2TiO_4 composite ceramics and their effective dielectric response [J]. Scripta Materialia, 2013, (69): 258-261.

[84] 路全彬，赵建昌，黄成志，等. 中间层厚度对复合钎料钎焊接头强度的影响 [J]. 焊接，2014, (9): 36-38.

[85] 赵建昌，吕登峰，龙伟民，等. 新型药芯银钎料的制造技术及应用前景 [J]. 焊接，2016, (5): 9-11.

[86] 李国赣. 银基药芯焊丝及制造方法：201110435173.2 [P]. 2011-12-22.

[87] 张冠星，龙伟民，裴夤鋆，等. 一种高锡银基焊条及其制备方法：201310443997.3 [P]. 2013-09-26.

[88] LI Y L, YU X, SEKULIC D P, et al. A study of the microstructure, thermal properties and wetting kinetics of Sn-3Ag-xZn lead-free solders [J]. Applied Physics A, 2016, 122 (6).

[89] 王星星，李权才，王博，等. 一种铝钢钎焊方法：201610953317.6 [P]. 2016-11-03.

[90] CHEN Y, TANG C G, LAWS K, et al. Zr-Co-Al bulk metallic glass composites containing B2 ZrCo via rapid quenching and annealing [J]. Journal of Alloys and Compounds, 2020, 820: 153079.

[91] 胡晓华，胡建华，高歌，等. 烧结工艺对电磁压制成形 Ag-Cu-Zn-Sn 钎料组织与性能的影响 [J]. 热加工工艺，2017, 46 (1): 23-27.

[92] 高歌，胡建华，程呈，等. 电磁压制多元金属混合粉末的压型方程 [J]. 中国有色金属学报，2015, 25 (7): 1937-1942.

[93] LONG W M, ZHANG G X, ZHANG Q K. In situ synthesis of high strength Ag brazing filler metals during induction brazing process [J]. Scripta Materialia, 2016, 110: 41-43.

[94] 龙伟民，路全彬，何鹏，等. 钎焊过程原位合成 Al-Si-Cu 合金及接头性能 [J]. 材料工程，2016, 44 (6): 17-23.

[95] 龙伟民，张冠星，张青科，等. 钎焊过程原位合成高强度银钎料 [J]. 焊接学报，2015, 36 (11): 1-4.

[96] 张冠星，丁天然，龙伟民. 预合金粉成分及烧结工艺对金刚石刀头寿命的影响 [J]. 焊接技术，2012, 41 (12): 38-40.

[97] RUSCH J, PIGOZZI G, LEHMERT B, et al. Deposition and utilization of nano-multilayered brazing filler systems designed for melting point depression [C]. Proceedings of the 5th

International Brazing and Soldering Conference，Las Vegas：2012.

[98] LI Y L，WANG ZH L，LI X W，et al. Growth behavior of IMCs layer of the Sn-35Bi-1Ag on Cu，Ni-P/Cu and Ni-Co-P/Cu substrates during aging［J］. Journal of Materials Science：Materials in Electronics，2019，30（2）：1519-1530.

[99] 牛济泰，卢金斌，穆云超，等. SiC_p/ZL101 复合材料与可伐合金 4J29 钎焊的分析［J］. 焊接学报，2010，31（5）：37-40.

[100] 王星星，韩林山，乔培新，等. 镀锡银钎料扩散过渡区生长建模及数值分析［J］. 中国机械工程，2017，28（11）：1362-1367.

[101] CHEN H S，FENG K Q，WEI S F，et al. Microstructure and properties of WC-Co/3Cr13 joints brazed using Ni electroplated interlayer［J］. International Journal of Refractory Metals and Hard Materials，2012，33：70-74.

[102] ALHAZAA A N，KHAN T I. Diffusion bonding of Al7075 to Ti-6Al-4V using Cu coatings and Sn-3.6Ag-1Cu interlayers［J］. Journal of Alloys and Compounds，2010，494：351-358.

[103] 张冠星. 银基钎料杂质元素影响研究及其洁净度表征［D］. 北京：机械科学研究总院，2015.

[104] 王星星，彭进，崔大田，等. 一种 AgCuTi 钎料及其制备方法：201610955634.1［P］. 2016-11-03.

[105] LV Y，YANG W C，MAO J，et al. Effect of graphene nano-sheets additions on the density，hardness，conductivity，and corrosion behavior of Sn-0.7Cu solder alloy［J］. Journal of Materials Science：Materials in Electronics，2020，31：202-211.

[106] KHODABAKHSHI F，SAYYADI R，SHAHAMAT J N. Lead free Sn-Ag-Cu solders reinforced by Ni-coated graphene nanosheets prepared by mechanical alloying：microstructural evolution and mechanical durability［J］. Materials Science & Engineering A，2017，702：371-385.

[107] DANIEL S，GUNTHER W，SEBASTIAN S. Development of Ag-Cu-Zn-Sn brazing filler metals with a 10weigh-% reduction of silver and liquids temperature［J］. China Welding，2014，23（4）：25-29.

[108] 刘喜成，齐剑钊，王子龙，等. 钎焊工艺制备 WC 涂层的组织结构性能分析［J］. 焊接技术，2013，42（3）：23-25.

[109] MA Y P，LI X L，YANG L，et al. Effect of surface diffusion alloying on ZM5 magnesium erosion wear property of alloy［J］. Transactions of Nonferrous Metals Society of China，2013，23：323-328.

[110] ZHU W W，JIANG H F，ZHANG H，et al. Microstructure and strength of high nitrogen steel joints brazed with Ni-Cr-B-Si filler［J］. Materials Science and Technology，2018，34（8）：926-933.

[111] 李秀朋，龙伟民，沈元勋，等. 烧结时间对自钎剂钎料显微组织和力学性能的影响

［J］. 焊接学报，2014，35（7）：59-62.

［112］丁天然，龙伟民，乔培新，等. 预合金粉对金刚石复合体组织结构影响及机理分析
［J］. 焊接学报，2011，32（7）：75-78.

［113］熊华平，李红，毛唯，等. 国际钎焊技术最新进展［J］. 焊接学报，2011，32（5）：
108-112.

［114］王星星，彭进，崔大田，等. 银基钎料在制造业中的研究进展［J］. 材料导报，
2018，32（5）：1477-1485.

［115］彭宇涛，李佳航，李子坚，等. 低银无镉 Ag-Cu-Zn 钎料的合金化改性［J］. 材料热
处理学报，2020，41（2）：166-172.

［116］LIU L，HUANG H，HU A，et al. Nano brazing of Pt-Ag nanoparticles under femtosecond
laser irradiation［J］. Nano-Micro Letters，2013，5（2）：88-92.

［117］LIU D，SONG Y Y，SHI B，et al. Vacuum brazing of GH99 superalloy using graphene re-
inforced BNi-2 composite filler［J］. Journal of Materials Science & Technology，2018，
34：1843-1850.

［118］王星星，张冠星，龙伟民，等. Ag45CuZn 钎料表面刷镀锡的试验研究［J］. 稀有金
属材料与工程，2013，42（11）：2394-2399.

［119］张著，郭忠诚，龙晋明，等. 电流密度对甲基磺酸盐电沉积亚光锡的影响［J］. 材料
工程，2012，（4）：76-81.

［120］ASHWORTH M A，WILCOX G D，HIGGINSON R L，et al. The effect of electroplating
parameters and substrate material on tin whisker formation［J］. Microelectronics Reliability，
2015，55：180-191.

［121］张冠星，龙伟民，鲍丽，等. 硫对银钎料及钎焊性能的影响［J］. 焊接学报，2012，
34（1）：77-80.

［122］WEI L F，ROPER D K. Tin sensitization for electroless plating review［J］. Journal of the
Electrochemical Society，2014，161：D235-D242.

［123］QIN H B，ZHANG X P，ZHOU M B，et al. Geometry effect on mechanical performance
and fracture behavior of micro-scale ball grid array structure Cu/Sn-3.0Ag-0.5Cu/Cu solder
joints［J］. Microelectronics Reliability，2015，55（8）：1214-1225.

［124］WANG D，MEI Y H，XIE H N，et al. Roles of palladium particles in enhancing the elec-
trochemical migration resistance of sintered nano-silver paste as a bonding material［J］.
Materials Letters，2017，206：1-4.

［125］LEE C J，BANG J O，JUNG S B. Effect of black residue on the mechanical properties of
Sn-58Bi epoxy solder joints［J］. Microelectronic Engineering，2019，216.

［126］YAN C H，XIAO B，WANG G H，et al. The second type of sharp-front wave mechanism
of strong magnetic field diffusion in solid metal［J］. AIP Advances，2019，9
（12）：125008.

［127］YU X，YANG J，YAN M，et al. Kinetics of wetting and spreading of AgCu filler metal over

Ti-6Al-4V substrates〔J〕. Journal of Materials Science, 2016, 51: 10960-10969.

[128] PAN Y, DONG C F, JI Y C, et al. Electrochemical migration failure mechanism and dendrite composition characteristics of Sn96. 5Ag3. 0Cu0. 5 alloy in thin electrolyte films〔J〕. Journal of Materials Science: Materials in Electronics, 2019, 30: 6575-6582.

[129] MYUNG W R, KIM Y, KIM K Y, et al. Drop reliability of epoxy-contained Sn-58 wt. % Bi solder joint with ENIG and ENEPIG surface finish under temperature and humidity test〔J〕. Journal of Electronic Materials, 2016, 45（7）: 3651-3658.

[130] WRIGHT W, ASKELAND D R. The science and engineering of materials〔M〕. Boston: Cengage Learning Custom Publishing, 2015.

[131] MIN K D, MYUNG W R, KIM K Y, et al. Effects of Cu opening size on the mechanical properties of epoxy-contained Sn-58Bi solder joints〔J〕. Journal of Nanoscience and Nanotechnology, 2019, 19（10）: 6437-6443.

[132] LIU B L, TIAN Y H, FENG J J, et al. Enhanced shear strength of Cu-Sn intermetallic interconnects with interlocking dendrites under fluxless electric current-assisted bonding process〔J〕. Journal of Materials Science, 2016, 52: 1943-1954.

[133] HUA L, HOU H N. Electrochemical corrosion and electrochemical migration of 64Sn-35Bi-1 Ag solder doping with xGe on printed circuit boards〔J〕. Microelectronics Reliability, 2017, 75: 27-36.

[134] MYUNG W R, KIM Y, KIM K Y, et al. Evaluation of the bondability of the epoxy-enhanced Sn-58Bi solder with ENIG and ENEPIG surface finishes〔J〕. Journal of Electronic Materials, 2015, 44（11）: 4637-4645.

[135] MICHAEL M K, PEEYUSH N, YOUSUB L. Solidification and solid-state transformation sciences in metals additive manufacturing〔J〕. Scripta Materialia, 2017, 135: 130-134.

[136] XU L Y, CHEN X, JING H Y, et al. Design and performance of Ag nanoparticle-modified graphene/SnAgCu lead-free solders〔J〕. Materials Science and Engineering: A, 2016, 667: 87-96.

[137] LEE C J, J. KIM H, JEONG H, et al. Electromigration behavior of Sn58Bi and Sn58Bi epoxy solder joint〔J〕. Science of Advanced Materials, 2020, 12（4）: 538-543.

[138] LEE S M, YOON J W, JUNG S B. Board level drop reliability of epoxy-containing Sn-58 mass% Bi solder joints with various surface finishes〔J〕. Materials Transactions, 2016, 57（3）: 466-471.

[139] KANG M, KIM D, SHIN Y. Suppression of the growth of intermetallic compound layers with the addition of graphene nano-aheets to an epoxy Sn-Ag-Cu solder on a Cu substrate〔J〕. Materials, 2019, 12（6）: 936.

[140] LIN W H, TSOU C H, OUYANG F Y. Electrochemical migration of nano-sized Ag interconnects under deionized water and Cl⁻ containing electrolyte〔J〕. Journal of Materials Science: Materials in Electronics, 2018, 29: 18331-18342.

[141] MA H, KUNWAR A, CHEN J. Study of electrochemical migration based transport kinetics of metal ions in Sn-9Zn alloy [J]. Microelectronics Reliability, 2018, 83: 198-205.

[142] LIAO B, JIA W, SUN R, et al. Electrochemical migration behavior of Sn-3.0Ag-0.5Cu solder alloy under thin electrolyte layers [J]. Surface Review and Letters, 2019, 26 (6).

[143] ZHONG X K, LU W J, LIAO B K, et al. Evidence for Ag participating the electrochemical migration of 96.5Sn-3Ag0.5Cu alloy [J]. Corrosion Science, 2019, 156: 10-15.

[144] QI X, MA H R, WANG C, et al. Electrochemical migration behavior of Sn-based lead-free solder [J]. Journal of Materials Science: Materials in Electronics, 2019, 30: 14695-14700.

[145] JIANG S Y, LIAO B K, CHEN Z Y, et al. Investigation of electrochemical migration of tin and tin-based lead-free solder alloys under chloride-containing thin electrolyte layers [J]. International Journal of Electrochemical Science, 2018, 13 (10): 9942-9949.

[146] LIU Y, LI S L, SONG W, et al. Interfacial reaction, microstructure and mechanical properties of Sn58Bi solder joints on graphene-coated Cu substrate [J]. Results in Physics, 2019, 13.

[147] MA Y, LI X Z, YANG L Z, et al. Effects of graphene nanosheets addition on microstructure and mechanical properties of solder alloys during solid-state aging [J]. Materials Science & Engineering A, 2017, 696: 437-444.

[148] JING H Y, GUO H J, WANG L X, et al. Influence of Ag-modified graphene nanosheets addition into Sn-Ag-Cu solders on the formation and growth of intermetallic compound layers [J]. Journal of Alloys and Compounds, 2017, 702: 669-678.

[149] 王星星, 王博, 杜全斌, 等. 一种钛基多层膜钎料及其制备方法: 201710432336.9 [P]. 2017-06-09.

[150] LI Y L, WANG Z L, LONG W F, et al. Wetting kinetics and spreading phenomena of Sn-35Bi-1Ag solder on different substrates [J]. Journal of Materials Science: Materials in Electronics, 2018, 29 (16): 13914-13924.

[151] 王星星, 何鹏, 彭进, 等. 一种低熔点元素调控银基钎料钎焊接头力学性能的预测方法: 201710736885.5 [P]. 2017-08-24.

[152] 王星星. 一种高导电性银基熔体材料及其熔炼方法: 201710469251.8 [P]. 2017-06-20.

[153] 王星星, 龙伟民, 马佳, 等. 锡镀层对 BAg50CuZn 钎料性能的影响 [J]. 焊接学报, 2014, 35 (9): 61-64.

[154] DU Q B, WANG X X, ZHANG S Y, et al. Research status on surface metallization of diamond [J]. Materials Research Express, 2019, 6 (12).

[155] 杨拓宇, 李忠芳, 陈丰, 等. 活性元素对 Sn-2.5Ag-0.7Cu-xGe 钎料润湿性能的影响 [J]. 热加工工艺, 2012, 41 (7): 115-117.

[156] 马超力, 薛松柏, 王博, 等. Ga 和 Ce 复合添加对低银无镉钎料组织及性能的影响

[J]. 稀有金属材料与工程，2019，48（1）：91-96.

[157] 王星星，彭进，崔大田，等. 不锈钢表面电镀锡银钎料的润湿特性［J］. 材料导报，2018，32（4）：1263-1266.

[158] 王星星，谭群燕，薛鹏，等. 镀锡银钎料扩散过渡区的物相和形成机制［J］. 材料导报：研究篇，2017，31（4）：66-69.

[159] 王星星，李权才，龙伟民，等. 热扩散对镀锡银钎料界面组织及熔化特性的影响［J］. 焊接学报，2016，37（5）：89-92.

[160] ZHONG X K, CHEN L J, MEDGYES B, et al. Electrochemical migration of Sn and Sn solder alloys: a review［J］. RSC Advances, 2017, 7（45）：28186-28206.

[161] 王星星，杜全斌，龙伟民，等. 微米锡刷镀层对 AgCuZnSn 钎料性能的影响［J］. 焊接学报，2015，36（3）：47-50.

[162] 王星星，彭进，薛鹏，等. 一种预测低熔点元素调控钎焊接头力学性能的方法：201710737897. X［P］. 2017-08-24.

[163] 盛阳阳，闫焉服，唐坤，等. 锡含量对 Bi5Sb 钎料铺展性能及抗拉性能影响［J］. 焊接学报，2011，32（6）：85-88.

[164] 王星星，龙伟民，何鹏，等. 时效处理对镍/巴氏合金界面组织及性能的影响［J］. 焊接学报，2019，40（8）：113-117.

[165] 雷敏，张丽霞，李宏伟，等. Zn 元素含量对 AgCuZn 钎料在 TiC 金属陶瓷表面润湿性的影响［J］. 焊接学报，2012，33（7）：41-44.

[166] 王星星，杜全斌，彭进，等. 一种预测低熔点元素调控硬钎料润湿性的方法：201710737899.9［P］. 2017-08-24.

[167] WANG X X, LI S, PENG J. Quantitative characterization of brazing performance for Sn-plated silver alloy fillers［J］. Materials Research Express, 2017, 4（12）.

[168] 王剑豪，薛松柏，马超力，等. 特殊环境用无铅钎料可靠性研究进展［J］. 中国有色金属学报，2018，28（12）：2499-2511.

[169] WANG X X, PENG J, CUI D T. Study on a novel Sn-electroplated silver brazing filler metal［J］. Materials Research Express, 2017, 4（8）：1-5.

[170] 王星星，王博，韩林山，等. 化学镀锡钎料钎焊黄铜的接头组织和力学性能［J］. 稀有金属材料与工程，2018，47（1）：367-370.

[171] CHEN Y, YUN D H, LONG W M, et al. Influence of sulphur on the microstructure and properties of Ag-Cu-Zn brazing filler metal［J］. Materials Science and Technology, 2013, 29（10）：1267-1271.

[172] KHORRAM A, GHOREISHI M. Comparative study on laser brazing and furnace brazing of Inconel 718 alloys with silver based filler metal［J］. Optics & Laser Technology, 2015, 68：165-174.

[173] FUKIKOSHI T, WATANABE Y, MIYAZAWA Y, et al. Brazing of copper to stainless steel with a low-silver-content brazing filler metal［C］. Osaka: International Symposium on

Interfacial Joining and Surface Technology（IJST），2014.

[174] 王星星，上官林建，何鹏，等. 基于熵模型镀锡银钎料钎焊性能的定量表征［J］. 焊接学报，2020，41（1）：1-5.

[175] 吕志勇，韩力英，张同龄. 不锈钢/黄铜接头高频感应钎焊质量问题的研究［J］. 焊接技术，2013，42（3）：48-50.

[176] WANG X X, LI S, PENG J. Corrosion behaviors of 316LN stainless steel joints brazed with Sn-plated silver filler metals［J］. International Journal of Modern Physics B, 2018, 32 (16): 1-10.

[177] WANG X X, LI S, PENG J. Investigation on localized corrosion of 304 stainless steel joints brazed using Sn-plated Ag alloy filler in NaCl aqueous solution［J］. Materials Research Express, 2018, 5 (3): 1-7.

[178] 王星星，李帅，彭进，等. 基于镀锡银钎料钎焊304不锈钢接头的腐蚀行为［J］. 焊接学报，2018，39（4）：63-66.

[179] 王星星，彭进，崔大田，等. 银基钎料锡电镀层的界面特征分析［J］. 中国有色金属学报，2017，27（10）：2053-2061.

[180] 杨光，李宁，颜家振，等. 两种钎料对不锈钢钎焊接头组织和力学性能的影响［J］. 热加工工艺，2011，40（11）：179-181.

[181] 王星星，彭进，李帅，等. 电镀锡银钎料的均匀腐蚀性和抗氧化性分析［J］. 焊接学报，2017，38（12）：37-40.

[182] 沈长斌，杨野，陈影. AZ31镁合金搅拌摩擦焊焊缝电化学性能的分析［J］. 焊接学报，2014，35（9）：101-104.

[183] 王星星，彭进，崔大田，等. 镀锡银钎料钎焊316LN不锈钢的接头组织及力学性能［J］. 稀有金属，2017，41（10）：1167-1172.

[184] 王星星，彭进，崔大田，等. 镀锡AgCuZnSn钎料熔化特性的热力学分析［J］. 稀有金属材料与工程，2017，46（9）：2583-2588.

[185] WANG X X, LI S, PENG J. Comparative study on thermodynamic characteristics of AgCuZnSn brazing alloys［J］. Materials Research Express, 2018, 5 (1): 1-11.

[186] CHEN Y T, XIE M, YANG Y C, et al. Effects of Zn content on the grain growth law of Ag-Cu-Zn alloys［J］. Rare Metal Materials and Engineering, 2014, 43 (1): 57-60.

[187] 王星星，杜全斌，彭进，等. AgCuZnSn钎料的热力学特性［J］. 中国有色金属学报，2018，28（6）：1159-1167.

[188] APEL M, LASCHET G, BOETTGER B, et al. Phase field modeling of micro structure formation, DSC curves, and thermal expansion for Ag-Cu brazing fillers under reactive air brazing conditions［J］. Advanced Engineering Materials, 2014, 16 (12): 1468-1474.

[189] 鲍丽，龙伟民，裴夤崟，等. CuZnSnSi合金钎料相变过程的热分析动力学［J］. 焊接学报，2013，34（10）：55-58.

[190] BAO L, LONG W M, ZHANG G X, et al. Effect of trace calcium on melting behavior of

Ag-Cu-Zn brazing alloy by thermal analysis kinetics [C]. Beijing：Proceedings of 2014 International Conference on Brazing, Soldering and Special Joining Technologies, 2014.

[191] 全国消防标准化技术委员会基础标准分技术委员会. 热不稳定物质动力学常数的热分析试验方法：GB/T 17802—2011 [S]. 北京：中国标准出版社, 2011.

[192] EL MANIANI M, SABBAR A. Partial and integral enthalpies of mixing in the liquid Ag-In-Sn-Zn quaternary alloys [J]. Thermochimica Acta, 2014, 592：1-9.

[193] BENISEK A, DACHS E. A relationship to estimate the excess entropy of mixing：application in silicate solid solutions and binary alloys [J]. Journal of Alloys and Compounds, 2012, 527：127-131.

[194] CARVALHOA A M, COELHOB A A, VON RANKEC P J, et al. The isothermal variation of the entropy (ΔS_T) may be miscalculated from magnetization isotherms in some cases：MnAs and $Gd_5Ge_2Si_2$ compounds as examples [J]. Journal of Alloys and Compounds, 2011, 509：3452-3456.

[195] LONG W M, BAO L, ZHANG G X. Cleanness of filler metal and construction of representation system [C]. Beijing：Proceedings of 2014 International Conference on Brazing, Soldering and Special Joining Technologies, 2014.

[196] 王星星, 武胜金, 上官林建, 等. 退火温度和轧制比对 BAg30T 钎料加工性能的影响 [J]. 热加工工艺, 2020, 49 (3)：41-43.

[197] 彭宇涛, 李佳航, 李子坚, 等. 低银无镉 Ag-Cu-Zn 钎料的合金化改性 [J]. 材料热处理学报, 2020, 41 (2)：166-172.

[198] 马超力, 薛松柏, 土博, 等. BAg17CuZnSn-xCe 钎料组织及性能分析 [J]. 焊接学报, 2018, 39 (8)：42-46.

[199] 马超力, 薛松柏, 顾荣海, 等. Ga 元素含量对银钎料组织及性能的影响 [J]. 焊接学报, 2017, 38 (12)：14-18.

[200] 马超力, 薛松柏, 张涛, 等. 铟对低银 Ag-Cu-Zn 钎料显微组织和性能的影响 [J]. 稀有金属材料与工程, 2017, 46 (9)：2565-2570.

[201] 龙飞, 张冠星, 何鹏, 等. 氧含量对银基粉状钎料熔化特性和钎焊接头性能的影响 [J]. 稀有金属材料与工程, 2020, 49 (2)：385-390.

[202] XUE P, ZOU Y, HE PENG, et al. Development of low silver AgCuZnSn filler metal for Cu/steel dissimilar metal joining [J]. Metals, 2019, 9：1-10.

[203] 龙伟民, 李胜男, 都东, 等. 钎焊材料形态演变及发展趋势 [J]. 稀有金属材料与工程, 2020, 49 (1)：3781-3790.